搅拌摩擦焊接技术

组编　湖南省焊接协会
主编　陈玉华　胡煌辉　黄春平
编著　陈玉华　胡煌辉　黄春平
　　　李志明　文　灏　屈利君
　　　钱锦文　张璟瑜　陈志强
　　　黎浩然　胡　丰　易忠奇

机 械 工 业 出 版 社

本书对搅拌摩擦焊的设备、技术、工艺、检测、缺陷修复等方面进行了系统的介绍。本书共九章，主要内容包括搅拌摩擦焊概述、搅拌摩擦焊设备、搅拌摩擦焊焊接工艺、铝合金搅拌摩擦焊焊接接头组织与性能、搅拌摩擦焊缺陷、搅拌摩擦焊检测技术、搅拌摩擦焊接头缺陷修复工艺技术、搅拌摩擦焊工艺评定及标准、搅拌摩擦焊技术的发展。教材中还配有不少应用实例，来进一步介绍搅拌摩擦焊技术的适应性，给初学者以深入浅出的引导。

本书可作为职业院校机电一体化专业教学用书，也可供从事搅拌摩擦焊工作的相关人员参考。

图书在版编目（CIP）数据

搅拌摩擦焊接技术/陈玉华，胡煌辉，黄春平主编．—北京：机械工业出版社，2018.4

ISBN 978-7-111-59545-8

Ⅰ.①搅…　Ⅱ.①陈…②胡…③黄…　Ⅲ.①摩擦焊-教材-高等职业教育-教材　Ⅳ.①TG453

中国版本图书馆 CIP 数据核字（2018）第 062163 号

机械工业出版社（北京市百万庄大街 22 号　邮政编码 100037）
策划编辑：侯宪国　责任编辑：侯宪国
责任校对：王　延　封面设计：张　静
责任印制：常天培
北京圣夫亚美印刷有限公司印刷
2018 年 5 月第 1 版第 1 次印刷
184mm×260mm·9.75 印张·2 插页·225 千字
0 001—3000 册
标准书号：ISBN 978-7-111-59545-8
定价：39.80 元

凡购本书，如有缺页、倒页、脱页，由本社发行部调换

电话服务
服务咨询热线：010-88379833
读者购书热线：010-88379649

网络服务
机 工 官 网：www.cmpbook.com
机 工 官 博：weibo.com/cmp1952
教育服务网：www.cmpedu.com
金 书 网：www.golden-book.com

《搅拌摩擦焊接技术》编辑委员会

序

搅拌摩擦焊（FSW）由英国焊接研究所于1991年发明，因其“优质”、高效、节能、环保”的特点被誉为“世界焊接史上的第二次革命”和“绿色焊接技术”。随着FSW在铝合金连接应用上的巨大成功，其应用对象迅速扩展到镁合金、铜合金、钛合金、钢铁、金属基复合材料及异种金属材料。目前，FSW在航空航天、轨道交通、船舶、能源、电子等现代制造业中广泛应用并展现出巨大的发展空间。作为一种新型制造产业，搅拌摩擦焊技术正在世界范围内兴起！

自2002年我国引进搅拌摩擦焊技术以来，搅拌摩擦焊技术发展迅速，并取得了突出的成果，越来越广泛地被了解和接受，正逐步形成规模化、工业化应用。伴随而来的是搅拌摩擦焊技术与操作人才的供求矛盾日益突出，培养体系还没有建立，没有学校开设搅拌摩擦焊技术与应用的课程，更看不到一本系统的搅拌摩擦焊教材，这种现状将会严重阻碍我国搅拌摩擦焊技术的发展。

令人欣慰的是由湖南省焊接协会牵头，联合南昌航空大学、湘潭大学、湖南九方焊接技术有限公司、中车株洲电力机车有限公司、张家界航空工业职业技术学院、湖南工业技师学院、湖南机电职业技术学院等单位的搅拌摩擦焊专家、教师及工程技术人员，共同编著了《搅拌摩擦焊接技术》。这一专业教材是当前国内第一本系统讲述搅拌摩擦焊设备、工艺及应用的教科书，也是首本针对职业院校搅拌摩擦焊课程的教材，对广大搅拌摩擦焊技术与操作人员更是一本实用工具书。

专业协会牵头，学校、企业共同参与教材编写，是一种形式创新，教材内容更加丰富实用，具有理论与实际结合紧密，可操性强，通俗易懂的特点，对搅拌摩擦焊人才培养和技术推广意义重大。有感于编著团队敢为人先，勇于担当，积极探索，技术报国的精神，欣然作序。

搅拌摩擦焊作为制造业一种新型的连接技术，正在展示其越来越强大的生命力。学好、用好搅拌摩擦焊技术是时代的需要，更是我们建设制造强国的必须。期待每位学习者的用心和创造力为搅拌摩擦焊技术的发展提供助推。

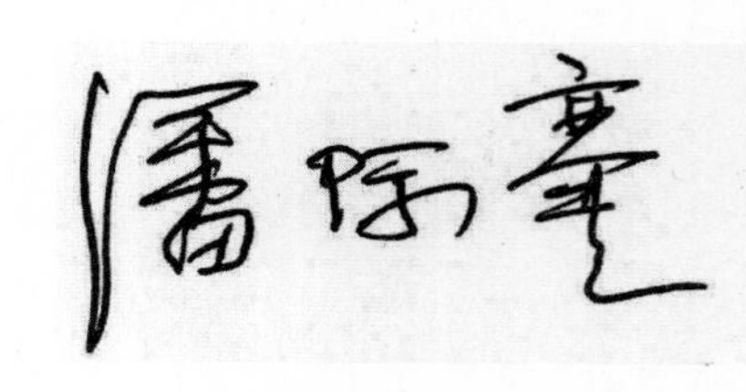

前言

搅拌摩擦焊技术发明至今，经过国内外学者专家的试验研究，企业机构的应用推广，使其成为有色轻金属结构制造中有效替代熔焊技术的实现工业化应用的新型连接技术，并且正在不断提升技术和经济效益。搅拌摩擦焊技术在提高接头和结构的连接质量、降低焊接变形、实现绿色制造等方面正在凸现出越来越明显的优势。目前，与搅拌摩擦焊技术相适应的新装备和新工具的发展也非常快，各种类别的新型搅拌摩擦焊设备、装置及三维搅拌摩擦焊机等相继问世，搅拌摩擦焊在攻克高熔点金属（普通碳钢、不锈钢、钛合金、高温合金等）材料连接中的难题方面也取得不少成果。同时，一些发达和发展中国家正在寻求搅拌工具的型体设计优化与材料萃取，焊接过程的多方位、多工况、多参数监控及焊接质量实时在线检测和控制，搅拌摩擦焊技术工艺及检测标准也正日益完善。

搅拌摩擦焊技术的发展及生产应用方兴未艾。要将搅拌摩擦焊技术更多更快地转化为生产力，必须培训出适应企业需求的人才。目前搅拌摩擦焊的论文不少，但搅拌摩擦焊的教材却罕见。搅拌摩擦焊技术是当今焊接技术的革命性创新，它的低能耗、无污染、高性能凸显其优越性，而易实现智能化制造更提高了该技术的应用前景。为了适应《中国制造2025》的要求，也为了焊接这一门传统专业的持续发展，更为了焊工技能的世纪传承，我们要尽快把搅拌摩擦焊技术推广应用到各行各业中去。可以预期：在人们愈来愈重视环境保护和能源节约的现在，搅拌摩擦焊技术应用很快就会有一个“井喷”的过程出现，而操作人才的需求会成为瓶颈。

基于此，湖南省焊接协会联合南昌航空大学、湖南九方焊接技术有限公司、中车株洲电力机车有限公司、湘潭大学、湖南工业技师学院、张家界航空职业技术学院、湖南机电职业技术学院，组织开展搅拌摩擦焊教材编写工作，组成了以协会会长马克湘教授为主任委员的编辑委员会，推荐陈玉华教授、胡煌辉研究员、黄春平副教授担任主编，约请柯黎明教授、洪波教授担任主审。全体编著人员在大量收集整理相关资料的前提下，更多的是将自己多年工作成果和实践经验融入本教材，使得本书既体现了搅拌摩擦焊发明以来的主要发展成果又汇集了很多实例。

本书共9章，分别由陈玉华、胡煌辉、黄春平、李志明、文灏、屈利君、钱锦文、张璟瑜、胡丰、黎浩然、易忠奇、陈志强编写。本书是一本针对职业院校机电一体化专业的实用教材，也供从事搅拌摩擦焊工作的相关人员参考。好的技术需要大家的推广，用好技术才能跟上时代的步伐。感谢众多的搅拌摩擦焊研究者、学者、专家的辛劳付出给这本书提供了很多素材，感谢机械工业出版社对本书出版的支持，感谢为本书的编辑、出版提供帮助的企业和学校。

鉴于搅拌摩擦焊技术本身的特点和其仍处于发展的阶段，还有很多技术需要大家进一步探索和验证，本书难免存在不足之处，恳请读者指正。

湖南省焊接协会

目　录

第 1 章　搅拌摩擦焊概述

本章重点

搅拌摩擦焊的原理；搅拌摩擦焊的特点。

搅拌摩擦焊（Friction Stir Welding，FSW）是利用摩擦产生的热量实现板材连接的一种固态连接技术，由英国焊接研究所（TWI）于 1991 年发明。这种方法打破了原来摩擦焊只限于圆形断面材料焊接的概念，对于铝合金、镁合金、铜及其合金、钛合金、钢以及不少异种材料的焊接，均可获得性能优良的焊接接头。搅拌摩擦焊技术发明至今，已经发展成为在铝合金结构制造中可以替代熔焊技术的工业化实用的固相连接技术，在航空航天飞行器、高速舰船快艇、高速轨道列车、汽车等轻型化结构以及各种铝合金型材拼焊结构的制造中，已经展示出显著的技术和经济效益。

1.1　搅拌摩擦焊的原理

搅拌摩擦焊的原理如图 1-1 所示。它是利用一种带有搅拌针和轴肩的特殊形式的焊接工具（称之为搅拌头）进行焊接，在焊接过程中搅拌针要以一定速度旋转着插入被焊材料的结合界面处，通过插入工件接缝内的搅拌针、轴肩与被焊工件摩擦所产生的摩擦热的共同作用，同时结合搅拌头对焊缝金属的挤压，使得被焊工件处于高塑性状态，在搅拌头的高速搅拌和轴肩的挤压下，被焊工件材料从后退侧绕过探针到前进侧尾部，在热 - 机联合作用下形成致密的金属间结合，而后冷却形成固态焊缝，实现材料的连接。

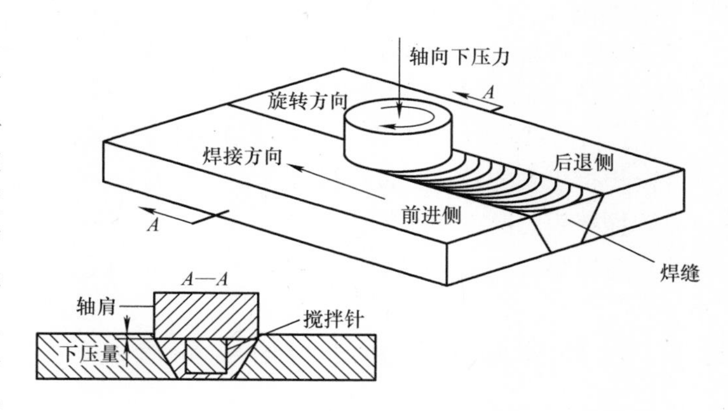

图 1-1　搅拌摩擦焊原理

在形成搅拌摩擦焊接头时，摩擦生热是使材料待焊部位温度升高达到塑性状态的基本要素，工件中的温度分布、塑性区的大小与摩擦生热的速率有关；而搅拌头的搅拌是形成致密焊缝的充分条件，只有通过搅拌头的搅拌给其周围塑化金属提供驱动力，才能使搅拌头沿焊缝方向移动时，搅拌头周围的塑化金属由搅拌头的前方向后方流动，并在搅拌头和周围金属的挤压下形成致密的焊缝。

1.2 搅拌摩擦焊的特点

传统焊接方法一般都是通过熔焊或钎焊等技术对金属实现焊接，焊接过程中由于发生冶金反应，容易产生金属间化合物及气孔等缺陷。与传统熔焊方法和普通摩擦焊相比，搅拌摩擦焊有以下优点：

1）焊接接头质量高，不易产生缺陷。焊缝是材料在塑性状态下受挤压完成的，属于固相焊接，因而其接头不会产生与凝固冶金相关的焊接缺陷，如裂纹、气孔、合金元素的烧损和组织脆化，适于焊接铝、铜、铅、钛、锌、镁等有色金属及其合金以及钢铁材料、复合材料等，也可用于异种材料的连接。

2）不受轴类零件的限制，可进行平板的对接和搭接，可焊接直焊缝、角焊缝及环焊缝，可进行大型框架结构及大型筒体制造、大型平板对接等，扩大了应用范围。

3）易于实现机械化、自动化，质量比较稳定，重复性高。搅拌摩擦焊焊接参数少，焊接设备简单，容易实现自动化，从而使焊接操作十分简便，焊机运行和焊接质量的可靠性大大提高。

4）焊接成本较低，效率高。无须填充材料、保护气体，焊前无须对焊件表面进行预处理，焊接过程中无须施加保护措施，厚焊接件边缘不用加工坡口；焊接铝材工件时不用去氧化膜，只需去除油污即可；对接时允许留一定间隙，不苛求装配精度。

5）焊接变形小，焊件尺寸精度较高。由于搅拌摩擦焊为固相焊接，其加热过程具有能量密度高、热输入速度快等特点，因而焊接变形小，焊后残余应力小。在保证焊接设备具有足够大的刚度、焊件装配定位精确以及严格控制焊接参数的条件下，焊件的尺寸精度高。

6）绿色焊接。焊接过程中无弧光辐射、烟尘和飞溅，噪声低，因而搅拌摩擦焊是一种高质量、低成本的“绿色焊接方法”。

同时，搅拌摩擦焊也存在一些不足，主要表现在：

1）焊接工具的设计、过程参数及力学性能只对较小范围、一定厚度的合金适用。

2）搅拌头的磨损相对较快。

3）需要特定的夹具，设备的灵活性差。

1.3 搅拌摩擦焊焊接结构的接头形式

搅拌摩擦焊焊接结构的设计应当满足下列基本要求：

1）实用性。焊接结构必须达到产品所要求的使用功能和预期效果。

2）可靠性。焊接结构在使用期内必须安全可靠，受力必须合理，能满足强度、刚度、稳定性、抗振性、耐蚀性等方面的要求。

3）工艺性。焊接结构必须能够方便地进行焊接操作，其中包括金属材料具有良好的焊接性、结构的焊前预加工、焊后处理、焊接与检验操作的可达性等。此外，焊接结构也应易于实现机械化和自动化焊接。

4）经济性。制造焊接结构时，所消耗的原材料、能源和工时应最少，其综合成本应尽可能低。

焊接接头是焊接结构的最基本要素，接头形式是焊接结构设计的重要内容之一。焊接接头的种类和形式很多，可以从不同的角度将它们加以分类。例如，可按所采用的焊接方法、接头形式以及坡口形状、焊缝类型等来分类。根据接头形式的不同，搅拌摩擦焊可以实现棒材 – 棒材、管材 – 管材、板材 – 板材的可靠连接，接头形式可以设计为对接、搭接、角接及 T 形接头，可进行环形、圆形、立体焊缝的焊接。由于重力对这种固相焊接方法没有影响，搅拌摩擦焊可以用于全位置焊接，如横焊、立焊、仰焊、环形轨道自动焊等。常见搅拌摩擦焊接头形式如图 1-2 所示。

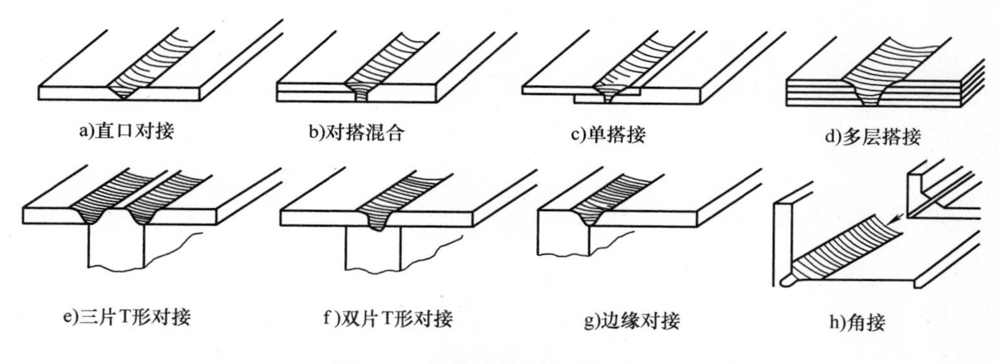

图 1-2　搅拌摩擦焊的接头形式

搅拌摩擦焊焊接接头形式的选择要充分考虑结构特点、材料特性、接头工作条件和经济性等。

1.4　搅拌摩擦焊技术应用

搅拌摩擦焊技术自问世以来，受到了世界主要工业发达国家研究机构的极大重视，英国焊接研究所、美国爱迪生焊接研究所、洛克希德 · 马丁航空航天公司、马歇尔航天飞行中心、德克萨斯大学、德国 Stuttgart 大学、澳大利亚 Adelaide 大学、澳大利亚焊接研究所等都从不同的角度进行了专门的研究。在我国，北京航空制造工程研究所于 1998 年率先开展搅拌摩擦焊的跟踪研究，并于 2002 年 4 月与英国焊接研究所合作，成立中国搅拌摩擦焊中心。南昌航空大学、哈尔滨工业大学、天津大学、西北工业大学、兰州理工大学、江苏科技大学、西安建筑科技大学、沈阳航空航天大学、燕山大学和大连交通大学等众多高校以及上海航天设备制造总厂、中科院沈阳自动化研究所、昆山华恒焊接股份有限公司、湖南九方焊接技术有限公司等企业和研究机构也相继进入这个研究领域。

搅拌摩擦焊接技术的应用开发和基础理论研究一直在同期交叉进行。到目前为止，国内外已经在搅拌摩擦焊的工艺、焊缝成形、焊接过程数值模拟及应用等方面做了大量工作，将其用于同种材料、异种材料的焊接以及各种不同类型接头的焊接，并在航空航天、船舶制造、交通运输、汽车制造等工业领域得到应用，其研究和应用发展非常迅速。目前，搅拌摩擦焊接技术主要的应用领域见表 1-1。

表 1-1 搅拌摩擦焊的主要应用领域

领　域	应　用
航空航天	运载火箭燃料储箱、发动机承力框架、铝合金容器、航天飞机外储箱、载人返回仓，飞机蒙皮、衍条、加强件之间的连接、框架连接，飞机壁板和地板连接，飞机门预成形结构件、起落架仓盖、外挂燃料箱
船舶制造	快艇、游船的甲板、侧板、防水隔板、船体外壳、主体结构件、直升机平台，离岸水上观测站、船用冷冻器、帆船桅杆和结构件
轨道交通	高速列车、轨道货车、地铁车厢、轻轨电车
汽车制造	汽车发动机、汽车底盘支架、汽车轮毂、车门预成形件、车体框架、升降平台、燃料箱、逃生工具等
其他工业	发动机壳体、冰箱冷却板、天然气和液化气储箱、轻合金容器、家庭装饰、镁合金制品等

1.4.1 搅拌摩擦焊技术在航空航天制造业的应用

航空航天飞行器的铝合金结构件，如飞机机翼壁板、运载火箭燃料储箱等，选材多为2000及7000系列铝合金材料。这些铝合金材料在传统熔焊下得到的接头强度低且易产生裂纹，所以传统飞机结构中主要采用铆接和螺栓联接。这种大件加工、机械连接方式给飞机的质量和性能、制造成本带来极大的压力。而搅拌摩擦焊可以实现这些系列铝合金材料的优质连接，在飞机结构设计中给新材料、新结构的应用提供了新方法。基于搅拌摩擦焊在航天铝合金结构产品制造上的优越性和新型空间运载工具发展需要，搅拌摩擦焊在航空航天的应用主要表现在以下几个方面：机翼、机身、尾翼；飞机油箱；飞机外挂燃料箱；运载火箭、航天飞机的低温燃料箱；军用和科学研究火箭、导弹以及熔焊结构件的修理等。

一些相关研究所针对飞机的特殊零部件开展了搅拌摩擦焊的应用研究，包括机身纵向和环向结构件、预成形件、起落架传动支承门、方向翼板、中心翼盒盖板蒙皮结构以及飞机地板的搅拌摩擦焊。采用搅拌摩擦焊的飞机模拟验证结构件如图 1-3 所示。目前法国 EADS 公司成功利用搅拌摩擦焊技术实现了飞机中心翼盒上盖板的制造；美国波音公司成功实现了薄板搭接搅拌摩擦焊在飞机前部机头起落架传动支承门上的应用，并利用五坐标搅拌摩擦焊设备实现了飞机门的全位置连接，同时对 C130 运输机载货地板和 C17 运输机的货物装卸滑坡成功地进行了搅拌摩擦焊的应用；此外我国也成功实现了搅拌摩擦焊在机翼结构下壁板及飞机座舱零件等经典结构的焊接。

图 1-3 采用搅拌摩擦焊的飞机模拟验证结构件

搅拌摩擦焊技术在运载火箭上的应用也比较多。例如，美国波音公司将搅拌摩擦焊（FSW）技术应用到火箭的中间舱段连接中，随后将该技术推广到 Delta4 型火箭燃料储箱、助推舱段等构件的制造中，有效提高了焊接接头的结合强度，降低了结构重量，同时制造成本也大幅下降。此外美国 NASA 实现了 Ariane 火箭的直径 5.5m 储箱底的搅拌摩擦焊及筒体直径 3.6m 的猎户座载人飞船的全搅拌摩擦焊，如图 1-4 所示。我国航天制造业也成功运用 FSW 技术实现了火箭储箱的焊接，例如，首都航天机械公司实现了在 CZ－5、CZ－7 等型号运载火箭的 ϕ2.25m、ϕ3.35m、ϕ5m 模块储箱筒段纵缝，CZ－5 等 ϕ3.35m 椭球箱底主焊缝以及储箱总装环缝的搅拌摩擦焊，火箭储箱的结构组成及主焊缝如图 1-5 所示。图 1-6 所示为我国采用卧式总装方式研制的某型号 ϕ3.35m 储箱正式产品。

a) ϕ5.5m箱底

b) 猎户座载人飞船

图 1-4　搅拌摩擦焊接技术在美国宇航产品中的应用

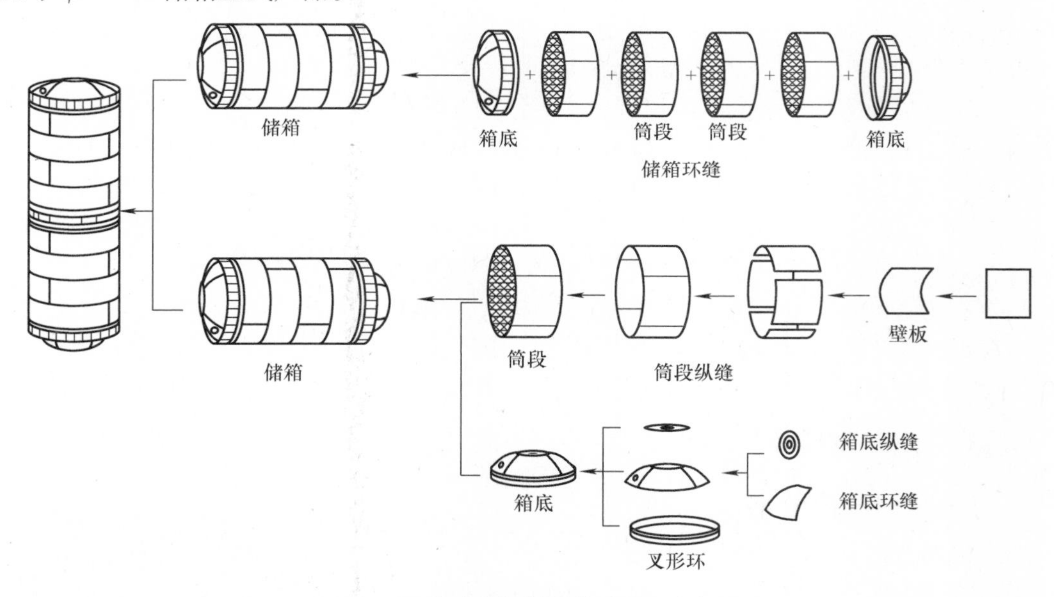

图 1-5　运载火箭储箱主体结构及主焊缝

图 1-6　我国采用卧式总装方式研制的某型号 ϕ3.35m 储箱正式产品

搅拌摩擦焊在航空发动机中的应用目前很少，主要是欧洲 Fokker 宇航公司在研制发动机结构件时应用 FSW 技术实现了发动机产品的零螺栓化，节省了连接与装配空间，减轻了发动机的重量，提高了生产效率。南昌航空大学采用搅拌摩擦焊焊接了某型航空发动机 6A02—T6 铝合金风扇叶片，相对于原钎焊叶片，产品合格率由原来的30%提高到95%，振动疲劳寿命是原钎焊叶片的3.4倍。航空发动机的主要部件一般是由镍基高温合金制造的，可采用惯性摩擦焊及线性摩擦焊进行焊接，采用辅助热源搅拌摩擦焊技术有可能解决这些问题，但目前该技术还处于实验室研究阶段。

1.4.2 搅拌摩擦焊技术在船舶制造业的应用

搅拌摩擦焊技术最早成功应用的领域是船舶制造业，主要用于船甲板、侧板、船底外板、舷墙、防水壁板、地板、船体外壳和上层建筑的主要结构件、直升机降落平台、帆船桅杆及结构件、渔船用冷冻中空板等。1996 年，挪威的 Marine 公司和 Maritime 公司对船用平板和型材拼接成大型壁板的搅拌摩擦焊生产流水线制造技术进行了开发研究，使搅拌摩擦焊在型材拼接成壁板技术的应用上实现了工程化。日本 SLM 公司也成功利用搅拌摩擦焊技术实现夹层结构件和1250mm×500mm 的海水防护壁板的制造，日本 MES 公司利用搅拌摩擦焊焊接了最高航速达42.8km 的客货两用船，并成功通过了2m 的高海浪试验。瑞典 Sapa 公司实现了渔船深度冷却需要的中空铝合金壁板结构件的搅拌摩擦焊；澳大利亚 Adalaide 大学与英国 TWI 公司合作研发了一种便捷式搅拌摩擦焊设备，成功实现轻型高速海洋游船的曲面壁板焊接，并根据此项研究，澳大利亚 RFI 公司研制成功了新型海洋游船；美国尼克尔斯兄弟造船公司在航速达 102km/h 的 X - Craft 级战斗舰中成功使用搅拌摩擦焊技术；荷兰 Royal Huisman 造船厂建造的“雅典娜”号游轮几乎全部采用搅拌摩擦焊制造铝合金结构件，全长 90m、宽 12.2m、高 5.5m，功率 1.47×10^6W，自重 982t；日内瓦的“Seven Seas Navigator”号大型豪华铝合金游船采用了全搅拌摩擦焊制造上层建筑结构；英国 Norsk Hydro 公司利用搅拌摩擦焊焊接了气垫船体和上层结构，实现了气垫飞船的搅拌摩擦焊。葡萄牙的船厂安装了适合小批量散件焊接的模块化搅拌摩擦焊设备，实现船体外壳组装区铝合金部件的现场焊接。

中国搅拌摩擦焊中心研发了多个系列的搅拌摩擦焊设备，并成功开发出船用铝合金结构件的搅拌摩擦焊技术。图1-7 所示为采用 FSW 技术制造的船用中空铝合金型材。2005 年，该中心自主设计制造了国内最大的全长15m 的船用型材制造搅拌摩擦焊设备，可实现 2.5m×12m 的大壁板铝合金型材的批量化制造。2006 年，我国搅拌摩擦焊中心研制了我国第一台船舶铝合金壁板的焊接设备，并且建立了专业化的生产加工车间。该设备集成了先进的工艺控制和变形控制技术，可

图1-7 采用 FSW 技术制造的船用中空铝合金型材

焊接长度 12m、宽度 6m、厚度 12mm 的铝合金带筋壁板，已经用于船舶壁板的批量化生产制造，其中包括船甲板、外壁侧板和内装嗣板、中窄隔板以及上层建筑等。例如，在我国研制的世界上第一艘“双体穿浪隐形导弹快艇”（见图 1-8）上的宽幅铝合金壁板的拼焊成功应用了搅拌摩擦焊技术，直接提升了我国的铝合金船舶制造能力，推动了我国铝合金船舶制造技术向世界先进水平发展。上海航天设备制造总厂经过多年研究开发的搅拌摩擦焊技术，重点突破了船舶超大厚板的焊接、3D 焊接、焊缝跟踪、恒压力控制、无“匙孔”焊接等关键技术，目前已取得 10 多项具有完全自主知识产权的发明专利。这项技术经过十多家企业使用证明性能良好，填补了国内空白，打破了发达国家对我国的技术封锁，且价格相对国外先进装备降低 30% 以上。但是，国内搅拌搅拌摩擦焊在船舶上的应用目前只能进行片面状态下的直线焊接和简单的小曲面焊接，如甲板、主船体内部的各种纵向和横向结构以及较为平直段的船体舷侧结构等。

图 1-8　我国研制的“双体穿浪隐形导弹快艇”

1.4.3　搅拌摩擦焊技术在轨道交通制造业中的应用

搅拌摩擦焊已经用于铝合金地铁及通勤列车、新干线及高速列车的生产中，车钩板、端墙板、平顶板、车顶板、底架地板、侧墙板和出入口门框等部件均可采用搅拌摩擦焊进行焊接。瑞典 ESAB 公司是世界上第一个把搅拌摩擦焊技术应用到轨道交通焊接领域的企业，随后该技术在各国纷纷展开应用。从 1997 年开始，在英国伦敦维多利亚地铁线上，就已经有了搅拌摩擦焊技术的应用。阿尔斯通地铁的 SA – SD 线路列车（见图 1-9），其顶棚的铝合金挤压件就是采用搅拌摩擦焊进行焊接的。日本日立公司在不同类型挤压件的连接上采用了 FSW 技术，成功实现轨道交通列车的制造，焊缝总长度超过 3km，且由住友轻金属公司生产的挤压型材搅拌摩擦焊焊接拼板用于日本新干线车辆的制造，车辆时速可达 285km/h。此外，日立公司开发的搅拌摩擦焊焊接装置，更是实现了出入口门框与侧墙间不等厚材料的高精度焊接。同时日本川崎重工在 Fastech 3602 列车生产中成功实现了列车顶部面板的加强筋的搅拌摩擦焊。

丹麦 Sapa 公司购置的 ESAB Super-Stir 搅拌摩擦焊设备，可用于大厚板的拼焊，焊缝长度可达 14.5m，板材宽幅可达 3m；同时 Sapa 公司还与法国 Alstom 公司紧密合作，在为伊朗生产的列车上使用了大量的车顶、车身及地板搅

图 1-9　采用搅拌摩擦焊制造的 SA – SD 线路列车

拌摩擦焊预制板；而且 Sapa 公司还实现了列车不等厚材料的搅拌摩擦焊，如图 1-10 所示。德国 Alstom LHB 公司已经成功完成 23mm 厚铝合金板的搅拌摩擦焊试验，实现了 FSW 技术在轨道列车底架结构中的应用。加拿大庞巴迪公司在 Electorstar 系列列车中采用 FSW 技术实现了车体壁板的焊接，并在市郊列车和地铁车辆侧墙等车体部件中采用搅拌摩擦焊工艺。

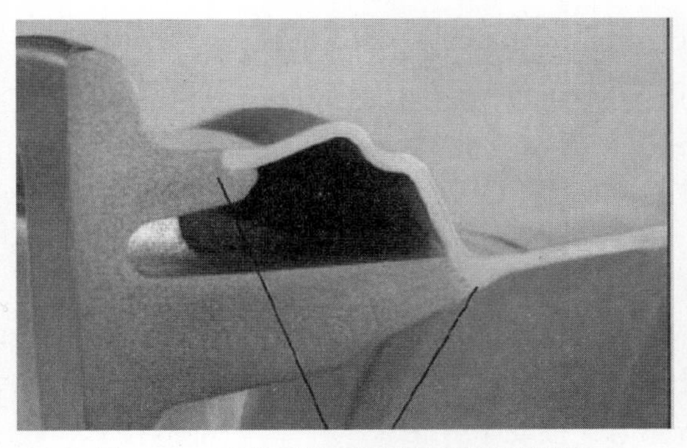

图 1-10　列车不等厚材料的搅拌摩擦焊

2004 年，我国采用 FSW 技术对地铁用电源箱体挤压型材部件进行了焊接。2008 年，FSW 技术成功应用于高铁关键铝合金部件的焊接。2009 年，地铁侧墙结构采用了搅拌摩擦焊。2010 年，第一台用于列车大部件产品焊接的大型动龙门搅拌摩擦焊焊接设备研制成功，可焊接最大长度为 24m 的高速列车穹顶、地板及侧墙产品，实现了大型铝合金件的低变形焊接。例如，原南车浦镇公司在上海 13 号线 A 型侧墙板上使用搅拌摩擦焊，侧墙平面度≤1.5mm/m。此外，原南车浦镇公司还将 FSW 技术应用在杭州 2 号线 B 型鼓型侧墙上。中航工业赛福斯特公司在 2010 年为原南车株洲公司开发了国内第一条列车产品搅拌摩擦焊生产线，所使用的搅拌摩擦焊设备可覆盖 2～80mm 厚度的列车产品，可实现普通铝合金、铸造铝合金、镁合金等材料的焊接，而且焊接深度可实时调节，并实现了无“匙孔”焊接。此外中航工业赛福斯特公司的搅拌摩擦焊设备双面焊接铝合金的厚度已达到 150mm，是目前焊接界的“奥运”世界纪录，并且率先开发成功列车壁板双轴肩搅拌摩擦焊技术，该技术达到了国际先进水平。2011 年长春轨道客车股份有限公司制造出高速列车搅拌摩擦焊车体，以 A 型地铁车体为例，地板、侧墙、车顶、枕梁、端墙部件的长直焊缝均采用搅拌摩擦焊，占焊缝总长度的 60% 以上。此外，长春轨道客车股份有限公司还与中国搅拌摩擦焊中心联合试制并实现了高速列车车体端墙的搅拌摩擦焊，如图 1-11 所示。

a)高速列车端墙搅拌摩擦焊

b)端墙板搅拌摩擦焊

图 1-11　高速列车车体端墙的搅拌摩擦焊

2013 年，我国研制出 80m 连续焊接的搅拌摩擦焊设备，实现超长型焊接部件在轨道列车领域的应用。2010—2013 年，原南车株洲电力机车有限公司相继在广州地铁 3 号延伸线、马来西亚城际动车组、昆明地铁、宁波地铁 1 号线、郑州地铁 1 号线、无锡地铁 1 号线、上海轨道交通 16 号线、武汉地铁 4 号线、马来西亚安邦轻轨等多个项目中的车体上采用了 FSW 技术，车体数量合计已达 600 多节，使用范围从最初的侧墙板延伸到车顶空调板、车顶受电弓板、底架地板等部件，FSW 技术在我国轨道车辆上已进入批量工程化的应用阶段。

1.4.4　搅拌摩擦焊技术在其他制造业上的应用

搅拌摩擦焊成功地解决了轻合金金属的连接难题，除上述几个行业外，在汽车制造、电子电器、建筑等行业中的应用也越来越广泛。

为了提高运载能力和速度，汽车制造呈现出材料多样化、轻量化、高强度化的发展趋势，铝合金、镁合金等轻质合金材料所占的比重越来越大，相应的结构以及接头形式都在设法改进，FSW 技术的发明恰好满足了这种新材料、新结构对连接技术的需求。目前，搅拌摩擦焊在汽车制造业中的应用主要为：发动机和汽车底盘车身支架、汽车轮毂、液压成形管附件、汽车车门预成形件、轿车车体空间框架、载货汽车车体、载货汽车的尾部升降平台、汽车起重器、汽车燃料箱、旅行车车体、摩托车和自行车框架、镁合金和铝合金异种材料的连接等。例如，2000 年 Tower 等公司成功利用 FSW 技术实现了汽车悬挂支架、轻合金车轮、防撞缓冲器、发动机安装支架以及铝合金车身的焊接；德国宝马公司实现了搅拌摩擦焊在汽车底盘、大梁、车轮、油箱等结构中的应用；挪威发明了一种采用 FSW 技术制造汽车车圈的新技术，被 Hydro 公司成功用于圆形零件的制造。图 1-12 所示为采用搅拌摩擦焊的铝合金汽车结构件。

图 1-12　采用搅拌摩擦焊的铝合金汽车结构件

在电子电气领域，随着电子电路集成化程度和各种大功率电子器件容量的不断增加以及电子器件或装置尺寸体积的不断减小，对散热装置本身必须完成的散热要求也越来越高。高热流密度的形成带来了对电子元器件更高的热控制要求，即必须采用先进的散热工艺和性能优异的散热材料来有效地带走热量，以保证电子元器件在其所能承受的最高温度内正常工作。随着冷板结构的不断完善及先进搅拌摩擦焊焊接工艺在铝合金焊接领域取得的突破性进展，越来越多的高集成电子元器件终端设备及系统提供商正在尝试并广泛使用冷板结构以解决其日益扩增的散热要求，如博世、华为、中车集团、南京 14 所等国际国内知名企业已在其传统竞争项目中广泛采用冷板结构。采用 FSW 技术生产的铝合金散热器，逐渐在飞机、火箭等需要外接冷却散热的控制电路板系统中应用。还有电气工业中的发电机壳体、电器连接件、电器封装以及厨房电器等也采用了 FSW 技术。图 1-13 所示为应用搅拌摩擦焊制造的各种型式的工业散热器和热沉器产品。

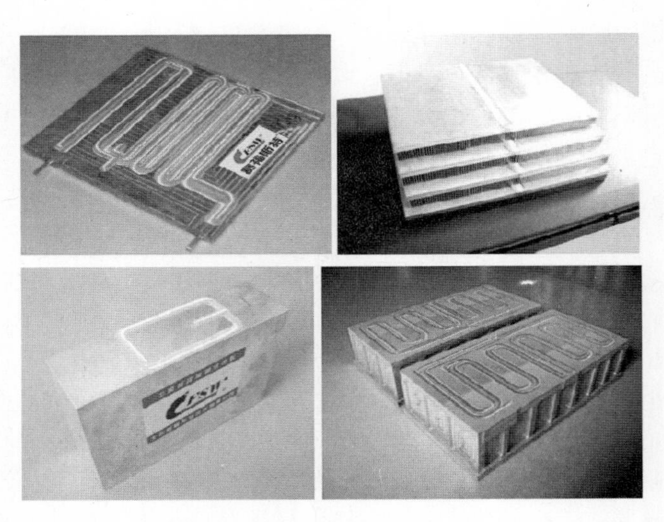

图 1-13　应用搅拌摩擦焊制造的各种型式工业散热器和热沉器产品

在建筑工业领域，实现了包括公路桥、悬索桥、跨河桥等铝结构桥梁，民用建筑工业中装饰板、门窗框架、管线、铝合金反应器、热交换器等的搅拌摩擦焊。此外，搅拌摩擦焊技术还应用于“白色”家用物品和工具、天然气和液化气储箱、家用装饰以及核原料板等。

到目前为止，搅拌摩擦焊的研究开发和应用主要集中在铝合金材料，对于非铝合金材料（如铜合金、钛合金、钢材、热塑材料等），也已开展了搅拌摩擦焊研究和开发，并开始在某些场合应用。例如，1997 年瑞典 SKB 公司和英国焊接研究所合作开发了对 50mm 厚铜合金核燃料储箱的搅拌摩擦焊制造技术，2001 年开发了铜合金搅拌摩擦焊专用设备，2004 年已经小批量生产。美国 MEGASTIR 公司一直致力于高熔点材料的搅拌摩擦焊应用开发，从 304 不锈钢（06Cr19Ni10）到普通中碳钢和高温合金材料，甚至钛合金材料等都已实现搅拌摩擦焊；2003 年已经把搅拌摩擦焊应用于野外钢合金天然气管道的焊接。日本日立公司利用搅拌摩擦焊实现了强度大于 800MPa 的超精细高强钢（UFG）的连接，这种材料在未来有可能用于飞机起落架的制造等。

1.5　搅拌摩擦焊技术的基本术语

1. 搅拌摩擦焊

旋转的搅拌头插入被焊材料产生摩擦热，使材料塑化，实现工件间固相连接的焊接方法。

2. 搅拌头

一种通常由轴肩和搅拌针组成的旋转部件，是搅拌摩擦焊过程的焊具，对周围金属起着碎化、摩擦发热、搅拌、施加压力等作用。

搅拌头的一般组成如图 1-14 所示。一个搅拌头通常含有一个轴肩和一个搅拌针，但也可能有超过一个轴肩或搅拌针，也可能没有轴肩或搅拌针。

3. 搅拌针

搅拌头的组成部分之一，焊接过程中其必须插入焊缝内部，如图 1-14 中的 2 所示。搅拌针可以是固定的，也可以是可调整的。

4. 轴肩

焊接过程中，搅拌头与工件表面接触的部分，如图 1-14 中的 1 所示。

5. 压入量

轴肩后缘压入工件内部的深度。

6. 匙孔

搅拌针从被焊工件中离开时，在焊缝结尾处残留的孔，如图 1-15 所示。

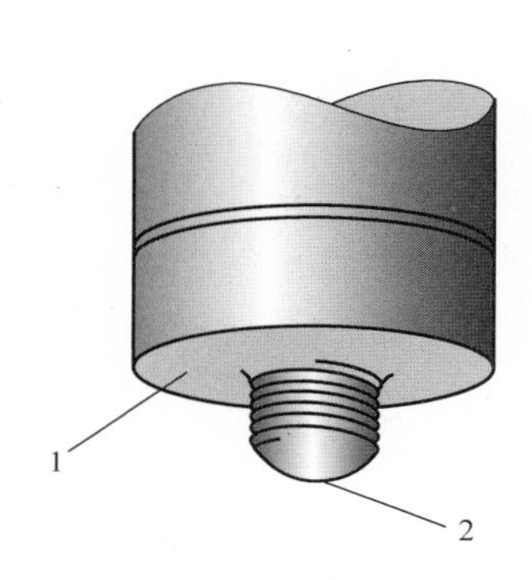

图 1-14　搅拌头的一般组成

1—轴肩　2—搅拌针

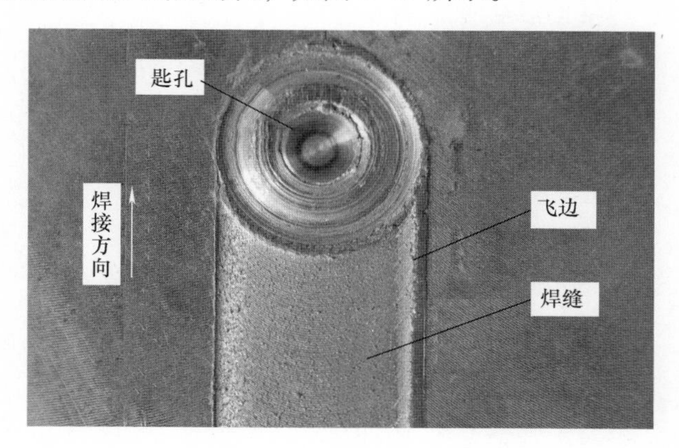

图 1-15　搅拌摩擦焊的飞边和匙孔

7. 轴向力

沿着搅拌头旋转轴作用于工件的作用力。

8. 倾角

搅拌头中心线与垂直于工件表面的线之间的夹角，夹角与焊接方向相反。

9. 前进侧

焊缝中搅拌头旋转的方向与焊接前进方向相同的一侧。

10. 后退侧

焊缝中搅拌头旋转的方向与焊接前进方向相反的一侧。

11. 飞边

由焊缝上凸出的多余材料或焊接过程中挤出的材料组成的部分，如图 1-15 所示。

本章知识点和技能点

1. 知识点

了解搅拌摩擦焊接原理和特点，熟悉搅拌摩擦焊技术的基本术语。

2. 技能点

掌握搅拌摩擦焊的基本应用状况。

第 2 章　搅拌摩擦焊设备

本章重点

搅拌摩擦焊设备特点，搅拌头特点及功能，搅拌头的构成与作用，搅拌摩擦焊设备基本操作和数控编程。

搅拌摩擦焊设备是进行搅拌摩擦焊的装置，是实现搅拌摩擦焊的前提和基础。搅拌摩擦焊设备主要由机械系统和电气系统两部分组成，二者有机配合才能满足搅拌摩擦焊的基本要求。

2.1　搅拌摩擦焊设备的分类

2.1.1　按焊缝空间分布的分类

根据能够焊接的焊缝空间分布，可将搅拌摩擦焊设备分为一维、平面二维、空间三维三种类型。

1. 一维搅拌摩擦焊设备

一维搅拌摩擦焊设备主要用于焊接一维长直焊缝，如图 2-1 所示。若筒体工件安装在可旋转的工装夹具上，也可进行环焊缝的搅拌摩擦焊，如图 2-2 所示。

图 2-1 所示设备为长焊缝拼板焊机，用于船舶制造、轨道交通等行业的铝型材拼焊。

图 2-1　一维搅拌摩擦焊设备

图 2-2 所示为国内首台大型环缝搅拌摩擦焊设备，是运载火箭储箱总对接环缝 VPTIG/VPPA 系统，主要用于各型号储箱环缝总对接生产，可焊产品最大外径为 3500mm，最大长度为 13m。

2. 平面二维搅拌摩擦焊设备

平面二维搅拌摩擦焊设备用来完成 *XY* 平面曲线焊缝的搅拌摩擦焊接。

图 2-3 所示为国内搅拌摩擦焊技术研发企业湖南九方焊接技术有限公司自主研发的台式二维教学科研型搅拌摩擦焊设备，该设备采用 C 型悬挂式主机头结构，主机头可在 *Z* 轴方

图 2-2　环缝搅拌摩擦焊机

图 2-3　台式二维教学科研型搅拌摩擦焊设备

向直线运动，主轴电动机与主轴头通过万向联轴器连接，主轴头轴线与铅垂方向可以有 5°以内的夹角，在 *Z* 轴伺服驱动下，主轴头倾斜轴线可绕主轴电动机轴线旋转。工件装夹于工作台上，工作台由 *XY* 十字伺服直线机构驱动，可实现工件 *XY* 平面的二维曲线运动。

3. 空间三维搅拌摩擦焊设备

空间三维搅拌摩擦焊根据设备的结构形式又分为龙门式五轴联动搅拌摩擦焊、机器人搅拌摩擦焊。

图 2-4 所示为航天火箭燃料储箱箱底搅拌摩擦焊设备。该设备用于铝合金材料椭球形或球形箱底类结构的抛物线焊缝自动搅拌摩擦焊。该设备使用 8 轴伺服驱动，可同时实现五轴联动控制和在线实时液动补偿伺服控制，通过空间抛物线轨迹的拟合跟踪进行搅拌摩擦焊。

长征三号甲系列、长征五号等火箭的储箱筒上都应用了该搅拌摩擦焊技术，使焊缝性能提高了10% ~20%。

图 2-4　航天火箭燃料储箱箱底搅拌摩擦焊设备

图 2-5 所示为北京赛福斯特技术有限公司研制的我国首台研究型搅拌摩擦焊重载机器人设备。该套搅拌摩擦焊机器人系统适用于焊接厚度为 0.3 ~8mm 的铝合金材料，主轴最大转速为4500r/min，可以实现直线焊缝、平面曲线焊缝及空间三维曲线焊缝的搅拌摩擦焊，其还配备不同的搅拌摩擦焊机头，可以实现常规搅拌摩擦焊、固定轴肩搅拌摩擦焊及点焊等工艺。该套搅拌摩擦焊机器人系统具有操作灵活、焊接空间大、通用性强等特点。搅拌摩擦焊机器人系统的应用将进一步提升焊接生产柔性化和自动化程度，降低焊接生产成本。

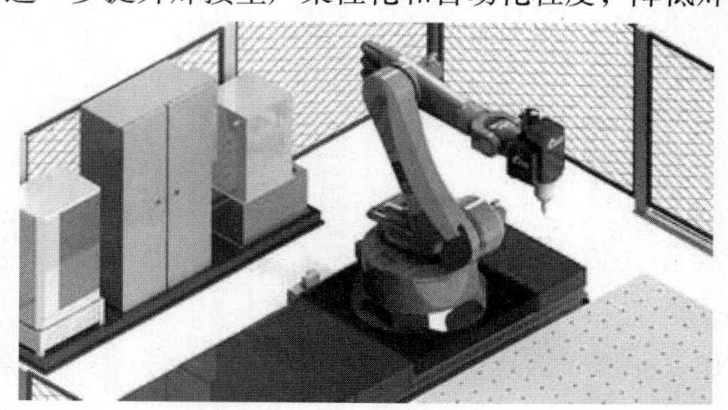

图 2-5　机器人搅拌摩擦焊设备

2.1.2　按设备结构形式的分类

根据设备的结构形式，搅拌摩擦焊设备可分为立式、卧式、龙门式和悬臂式等。

图 2-6 所示为典型的立式筒段纵缝搅拌摩擦焊设备。立式搅拌摩擦焊设备的特点是搅拌头沿着焊缝垂直于基座方向进行焊接，该设备的装夹机构比较简单，可焊接筒段的直径范围比较大，理论上能够在同一台设备上焊接任意直径大小的筒段纵缝，而且在焊接过程中，筒段是垂直放置于基座上的，其圆周方向不受力，不容易发生变形，焊接受力状态比较合理。

同时，立式搅拌摩擦焊设备的主机和工装是分别设计加工的，可以比较方便地拆装组合。

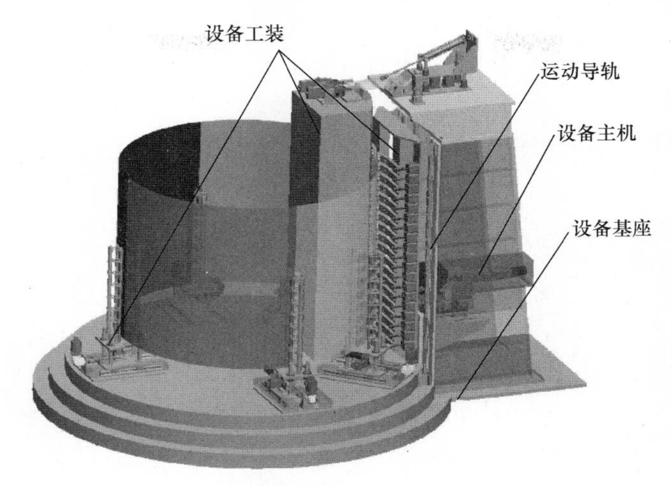

图 2-6　立式筒段纵缝搅拌摩擦焊设备

图 2-7 所示为典型的卧式筒段环缝搅拌摩擦焊设备。卧式搅拌摩擦焊设备的特点是搅拌头沿焊缝平行于基座方向进行焊接，同时其设备主机和工装系统是一体的。这种结构比较简单，生产中所占空间较小，可以焊接大直径筒段，但由于受装夹机构的限制，不能焊接尺寸小于某个直径的储箱。从受力角度而言，在焊接过程中，筒段是横卧于基座上的，筒段沿圆周方向在自重的影响下会产生变形，尤其是对于大直径的筒段，其变形情况更为严重，需要刚性的外部辅助工装对其进行限位支撑。同时，需要对搅拌头行走支撑机构的结构进行优化设计，防止其在焊接较长部段时沿焊接方向发生弯曲变形，影响焊缝质量。

图 2-7　卧式筒段环缝搅拌摩擦焊设备

龙门式搅拌摩擦焊设备根据龙门的运动方式又分为静龙门、动龙门。图 2-8 所示为典型的静龙门式搅拌摩擦焊设备，搅拌头主机固定在龙门横梁滑动托板上，通过横梁和滑动托板上的运动导轨，可以实现搅拌头在 *YZ* 平面中的运动，工作台通过设备底座上的导轨实现搅拌头在 *X* 轴方向的相对运动，可以进行平板类工件的搅拌摩擦焊。龙门式结构的特点是设备刚度好，整体结构简单，工件焊前装配简单方便，设备开敞性好，便于焊接过程的观察和控制。但龙门式搅拌摩擦焊设备一般只能焊接平板类焊缝，而且板材尺寸受到限制。

图 2-8　静龙门式搅拌摩擦焊设备

图2-9所示为典型的动龙门式搅拌摩擦焊设备，搅拌头主机固定在龙门横梁滑动拖板上，通过横梁和滑动拖板上的运动导轨，可以实现搅拌头在*YZ*平面中的运动，龙门立柱通过设备底座上的导轨实现龙门在*X*轴方向的运动。

图2-10所示为悬臂式航天燃料储箱箱底搅拌摩擦焊设备，搅拌头固定在一悬臂梁上，通过悬臂梁的运动形成焊缝轨迹。该设备的结构特点是设备主机和设备工装可以完全独立安装，搅拌头的运动行程较大，可以焊接尺寸较大的工件。此外，通过搅拌头与悬臂梁等连接副的合理设计，可以完成较简单的空间曲线焊接。该设备结构存在的不足是：搅拌摩擦焊接过程需要施加巨大的焊接压力，而悬臂梁结构刚度较差，被焊工件厚度受到限制。

图2-9　动龙门式搅拌摩擦焊设备

图2-10　悬臂式航天燃料储箱箱底搅拌摩擦焊设备

图2-11所示为新型悬臂式航天燃料储箱箱底搅拌摩擦焊设备，在图2-10所示设备基础上，采用了封闭框式主体结构、开－闭结合式液压平衡系统、变截面横梁设计、L形导轨布置结构、龙门式双驱动系统、W－W型传动结构以及大型重载回转支撑等，以增大设备的刚度，提高设备可焊工件的厚度。

图2-11　新型悬臂式航天燃料储箱箱底搅拌摩擦焊设备

2.2　典型搅拌摩擦焊设备

2.2.1　ESAB SuperStirTM 搅拌摩擦焊设备

英国焊接研究所安装了一台 ESAB SuperStirTM 搅拌摩擦焊设备（见图 2-12），这台设备具有真空夹紧工作台，可以焊接空间三维曲线接头，可焊接的铝板厚度为 1 ~ 25mm，工作空间大约为 5m × 8m × 1m，最大压紧力大约为 60kN，最大旋转速度为 5000r/min。图 2-13 所示为 SuperStirTM Delta Ⅱ太空船燃料箱内焊专用设备，图 2-14 所示为 ESAB SuperStirTM Delta Ⅳ太空船燃料箱立式外焊专用设备。

图 2-12　ESAB SuperStirTM 搅拌摩擦焊设备

图 2-13　SuperStirTM Delta Ⅱ太空船燃料箱内焊专用设备

2.2.2　FW22 搅拌摩擦焊设备

英国焊接研究所于 1996 年 10 月研制出了一种可以用来焊接大尺寸工件的 FW22 搅拌摩擦焊设备，可以很容易地焊接大尺寸的铝板。与此同时，英国焊接研究所还研制了可以焊接筒段纵缝工件的工装设备。图 2-15 所示为 FW22 搅拌摩擦焊设备进行平板和筒段纵缝工件焊接。该设备可以焊接的铝板厚度为 3 ~ 15mm，最大焊接速度为 1200mm/min，焊接板材最大尺寸为 3.4m × 4m，最高工作空间或焊件圆环最大直径为 1150mm。另外，在 FW22 搅拌摩擦焊设备的基础上经过一些夹具的改进，可以焊接更大尺寸的焊件。

图 2-14　ESAB SuperStirTM Delta Ⅳ太空船燃料箱立式外焊专用设备

2.2.3　VARIAX ®系列搅拌摩擦焊设备

VARIAX ®系列搅拌摩擦焊设备不同于传统的三维刚性控制机械，该设备仿真了六脚昆虫的设计，由 6 个支架组成，每个支架都可以改变长度，在负载、刚度、精度及再现性等方面都比传统的搅拌摩擦焊设备具有更大的优势。如图 2-16 所示，这台设备的主轴固定在一个框架上，6 个支架都能自由移动，其工作空间为 1.2m ×1.2m ×1.2m，可以用于一些航空部件的高速焊接。

图 2-15　FW22 搅拌摩擦焊设备

图 2-16　VARIAX ®系列搅拌摩擦焊设备

2.2.4　国产搅拌摩擦焊设备

北京赛福斯特有限公司是我国最早获得授权的搅拌摩擦焊设备制造商。该公司已经开发出了焊接不同规格产品的 C 型、龙门式和悬臂式 3 个系列的搅拌摩擦焊设备（见图 2-17），以及 4 个系列的搅拌头。这些焊接设备可以完成纵向直缝、T 形焊缝及平板对接焊缝等接头形式的搅拌摩擦焊接，焊接厚度一般小于 25mm，主要用于镁合金、铝合金的焊接。

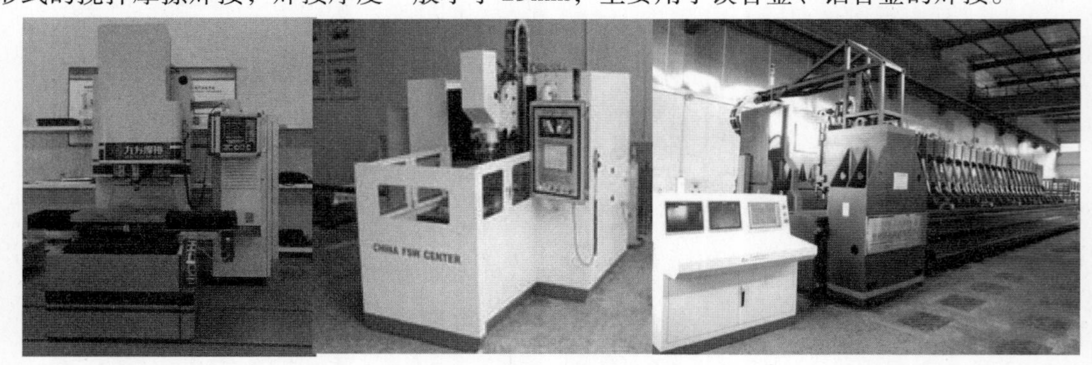

图 2-17　国产搅拌摩擦焊设备

现在，江苏锐成机械有限公司、上海航天设备总厂、湖南九方焊接技术有限公司也开始从事搅拌摩擦焊设备的研制与生产。

2.3　搅拌摩擦焊设备的结构

一般来说，搅拌摩擦焊设备主要由主机、焊接工装及其他辅助设备（控制柜、液压系统和冷却系统等）组成。

2.3.1　搅拌摩擦焊设备的主机

以筒段纵缝搅拌摩擦焊设备为例，搅拌摩擦焊设备主机包括机身、主轴运动系统、主轴系统、零件压紧机构、控制系统、动力驱动系统、冷却系统、监测系统和数据采集系统及液压（或气压）系统等结构，如图 2-18 所示。在搅拌摩擦焊设备实际制造过程中，某些结构和功能根据实际需要会做一些调整，如增加或减少某些结构，或将某些结构和功能固化在设备工装中，成为搅拌摩擦焊焊接工装的一部分。

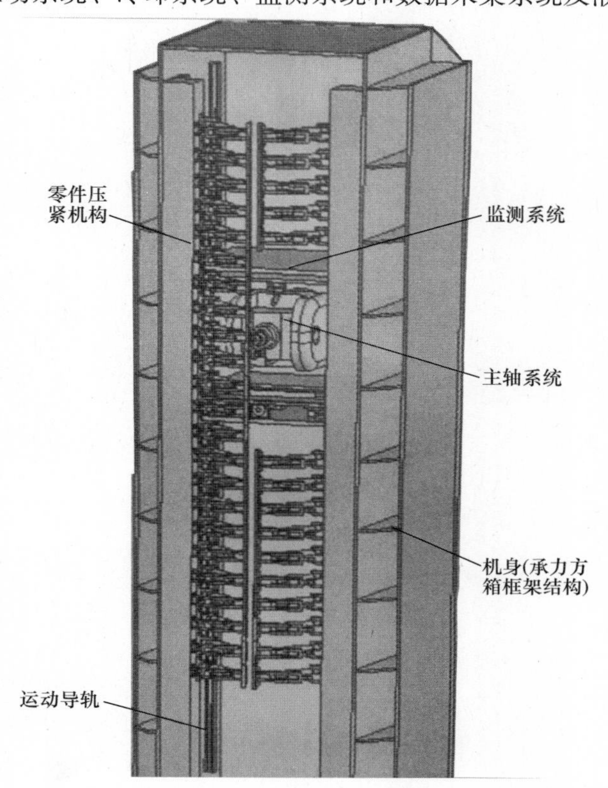

图 2-18　立式搅拌摩擦焊设备主机结构

（1）机身　机身是搅拌头及其夹持机构的着力点，是整个搅拌头机构的运动基座，一般由能够承受主轴巨大压力的方箱框架结构组成。在焊接过程中，机身可以使搅拌头的夹持机构沿运动导轨进行 Y 轴方向的上下运动，同时可以承载主轴系统在地基水平面上沿 Z 轴进行大范围的快速移动，以方便零部件的装配。机身部分的刚度要求比较高，因此该部分设计成方箱框架结构，并且在方箱的两侧可以增加横向肋板，这样可以保证焊接过程中，在主轴施力状态下，方箱框架结构的变形在允许的范围之内，进而保证搅拌头下压或其他运动时的控制精度和可重复定位精度。

（2）主轴运动系统　主轴运动系统是整个设备系统中运动机构最复杂、精度要求最高的部分，主要由方箱结构组成，用以带动搅拌头运动，实现 X、Y、Z_1 方向上的移动，其行程由实际焊接过程的需要决定。图 2-19 所示的整个方箱 1 主轴运动系统可以在机身上沿 Y 向进行运动，方箱 2 可以在方箱 1 内沿 X 向和 Z_1 向进行运动。此处方箱 2 沿 Z_1 向的运动与机身沿运动导轨进行的 Z 轴方向运动的方向一致，但运动精度要求和实现的功能有所不同，机身 Z 向运动主要便于工件的装配和拆卸，是初步定位，精度要求不高，而方箱 2 沿 Z_1 轴方向的运动主要是进行搅拌摩擦焊接过程中的焊接压入量，精度要求较高，一般要求控制精度达到 0.05mm，是整个搅拌摩擦焊接过程的控制核心。

在主轴的前端一般需要有一个随轴滚轮压紧装置。滚轮压紧装置用于在焊接过程中随动压紧零部件，使其贴合住背部底板，同时还可以在一定程度上解决零部件的错缝问题。

（3）主轴系统　主轴系统（见图 2-20）是整个搅拌摩擦焊设备的核心组成部分，提供焊接时所需的压力和转速。一般来说，主轴系统要求能够沿主轴方向承受 60 ~ 100kN 压力，并且沿焊接方向能够承受 20 ~ 50kN 的抗弯力。要求主轴旋转速度可以实现无级调速，范围一般为 0 ~ 2000r/min。

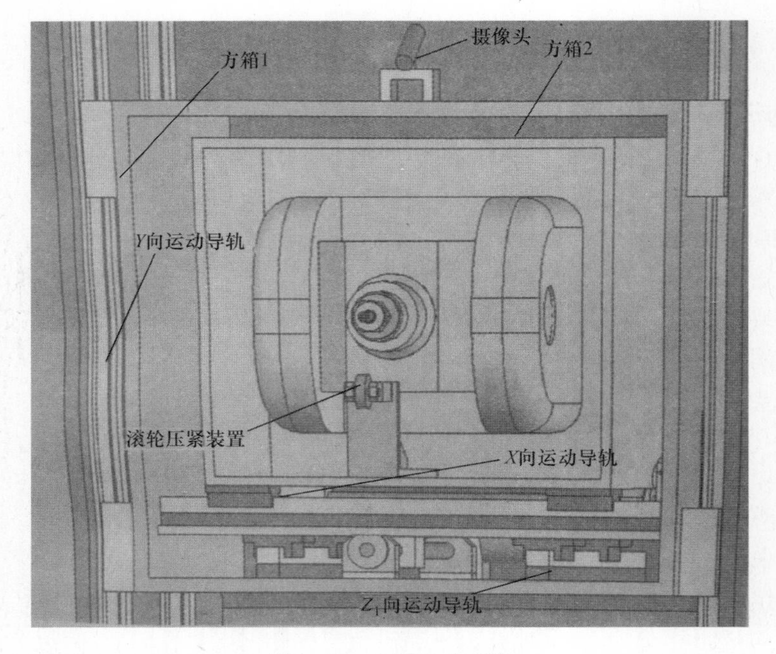

图 2-19　主轴运动系统

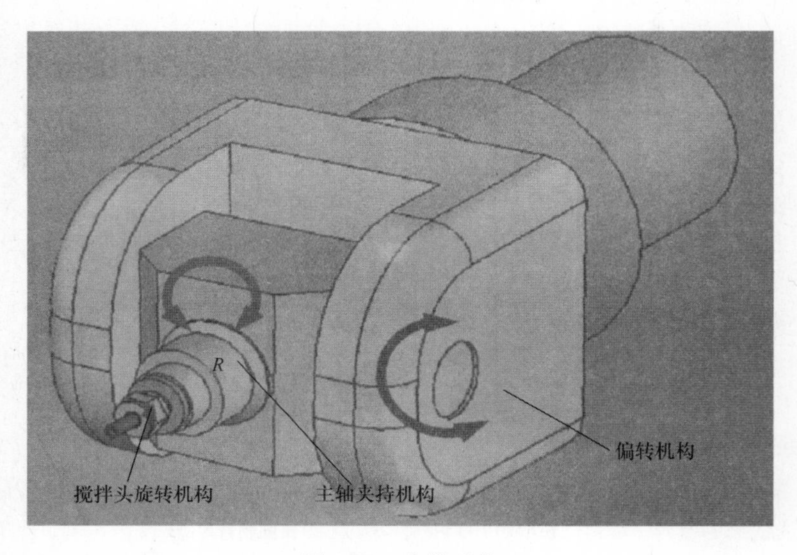

图 2-20　主轴系统

目前搅拌摩擦焊接过程一般需要一定的倾斜角度，以便搅拌头轴肩能够对焊缝金属提供足够的顶锻压力，因此主轴系统还应具备偏转机构，可调整范围一般为 ±5°。

从某种意义上来说，搅拌摩擦焊设备更像一台数控铣床，而且从使用角度来说，为了保证焊接装配精度的要求，一般搅拌摩擦焊设备必须具备相应的铣切功能，主轴夹持机构要求能够方便地拆卸和更换搅拌头和铣刀头，以适应工程焊接的需要。在主轴夹持机构中应设计冷却系统用于搅拌头及夹持机构的冷却，还应设计压力传感器用于焊接过程中压力的检测。压力传感器与压力反馈系统共同构成系统的恒压力控制系统。

（4）零件压紧机构　由于搅拌摩擦焊接过程中搅拌头的下压力及对零部件的撑开力都很大，因此要求接缝的两侧绝对压紧，确保焊接时对接缝不被搅拌头撑开。目前常见的压紧方式主要是采用气压或液压方式的琴键压紧，如图 2-21 所示。整套压紧机构由若干个琴键压紧单元组成，每个琴键压紧单元可以单独调控，压紧力可以通过控制气缸（气囊或液压缸）压力进行调整，如图 2-22 所示。压紧力一方面与气压（液压）系统本身的压力有关，另一方面也与琴键单元的结构和行程有关。一般来说，在焊接中等厚度及以下铝合金板材时，所需要的压力为 0.5～0.8MPa。若压力太小，不能提供足够的预紧力，焊接时搅拌头撑开板材会造成对接缝间隙过大等问题的出现；若压力太大，安全性能降低，对气压（液压）系统的要求较高，否则易造成安全隐患。

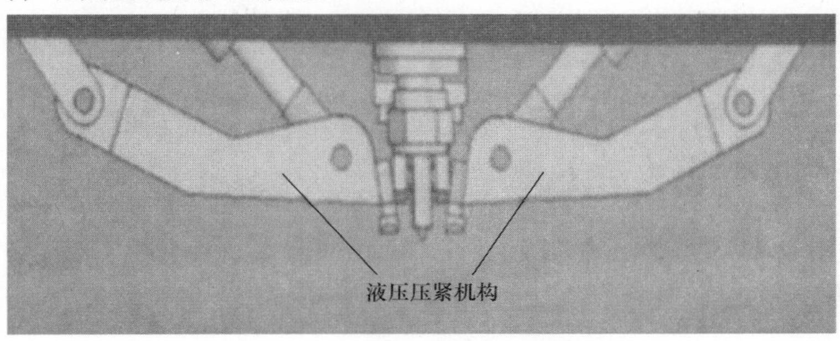

图 2-21　压紧机构

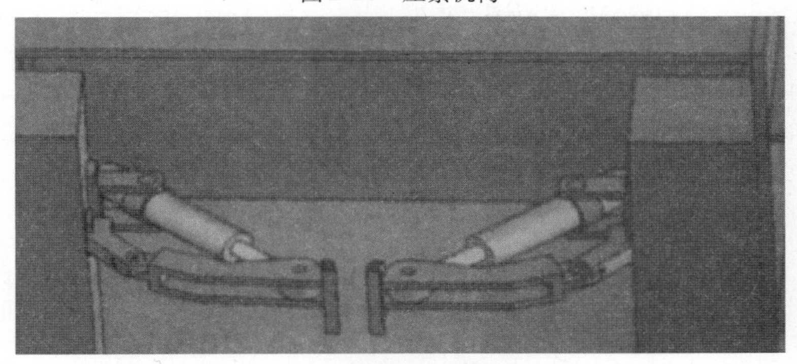

图 2-22　压紧机构三维示意图

（5）控制系统　在搅拌摩擦焊焊接过程中，根据实际焊接需要，有时候需要实现多轴联动，因此对设备的控制系统要求较严格。此外，焊接过程中搅拌头的压入量对接头质量影响很大，因此控制搅拌头压入量的控制轴需要有较高的控制精度。

随着数控技术的发展，目前搅拌摩擦焊设备一般都具备了自动编程、闭环控制和示教模式等功能，对设备的控制系统提出了更高的要求。

（6）动力驱动系统　对于主机来说，其动力驱动系统主要为搅拌头在 X 轴、Y 轴、Z 轴等方向的运动提供动力，保证搅拌头的正确对中及焊缝的搅拌摩擦焊接。动力驱动系统一般采用液压伺服系统或电气伺服系统。

（7）冷却系统　该系统主要用来对搅拌头和高速旋转轴进行冷却，确保焊接过程中焊接条件的连续性，保证焊缝质量的一致和稳定。冷却系统一般分为两类，即内部冷却系统和外部冷却系统。内部冷却系统主要是对旋转主轴进行冷却，常采用循环水冷却；外部冷却系统主要是对搅拌头进行冷却，常见的冷却方式有水冷、气冷和雾冷。

（8）监测系统和数据采集系统　随着搅拌摩擦焊接技术的发展，为了进一步提高搅拌摩擦焊的焊接质量，并配合焊缝跟踪和焊缝建档等工作，目前在搅拌摩擦焊设备上均配备了相应的监测系统和数据采集系统。这部分系统的功能主要包括两个方面：一方面，采用摄像头将最初的搅拌头、焊缝对中情况及焊接过程中搅拌头、焊缝的情况通过显示屏幕显示出来，从而方便焊接过程中相应焊接参数的调整；另一方面，在焊接过程中，监控系统要实时监控各个闭环控制系统，并将各个运动机构的工作情况、焊接参数、焊接功率消耗、焊接时的位置和精度及焊接时的下压力等参数实时显示并采集下来，进行记录、分析，从而方便焊缝质量的跟踪、复查和复现。该系统不是搅拌摩擦焊设备所必须具备的。

（9）气压（或液压）系统　该系统主要为焊缝压紧系统提供气压（液压）驱动，主要用于压紧机构，压力可进行调整。此外，某些设备上还采用液压系统进行各运动轴的控制。采用液压系统进行搅拌头各轴向运动有两方面的优点：一方面是液压系统结构体积小；另一方面搅拌摩擦焊本身属于压力焊接，压力是非常重要的控制参数，采用液压系统可方便压力控制，从而实现恒压力控制，焊接过程中可实现压力均匀、无突变，保证焊接质量。

2.3.2　搅拌摩擦焊设备的焊接工装

搅拌摩擦焊设备另一个非常重要的组成部分是焊接工装。焊接工装主要作用是进行工件的固定和调整，以满足搅拌摩擦焊接装配需求。搅拌摩擦焊对焊前装配要求较高，对板材错边、对接面间隙和焊缝对中程度等都有严格的规定。根据被焊工件形状的不同，需要设计形态各异的焊接工装，用于保证焊接质量要求。

图2-23所示为筒段纵缝搅拌摩擦焊焊接工装各组成部分，主要由基座、背部垫板、底部支撑调整机构、限位机构、动力驱动机构、液压系统、冷却系统等构成。

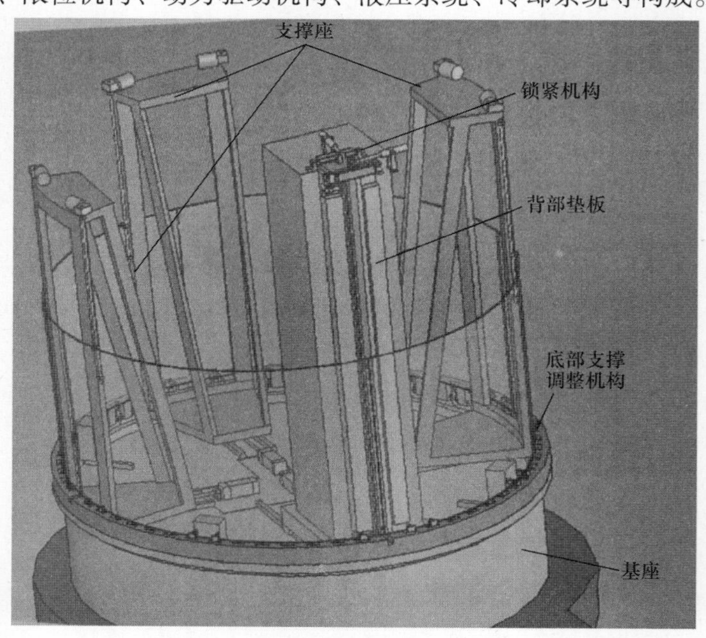

图2-23　筒段纵缝搅拌摩擦焊焊接工装各组成部分

（1）基座　基座是整套工装的承载装置。其作为整套工装的基准，要求平整、耐压、刚度好。

（2）背部垫板　背部垫板包括两部分：一部分是背部焊接垫板；另一部分是铣切垫板，通过垫板更换动力装置进行焊接、铣切垫板的更换，如图 2-24 所示。铣切垫板和焊接垫板的区别在于，焊接垫板要求整体平滑，垫板平面度要求小于 0.1mm，而铣切垫板需要在垫板底部开铣切槽，其宽度要大于铣刀直径，保证在铣切过程中不碰到铣刀。

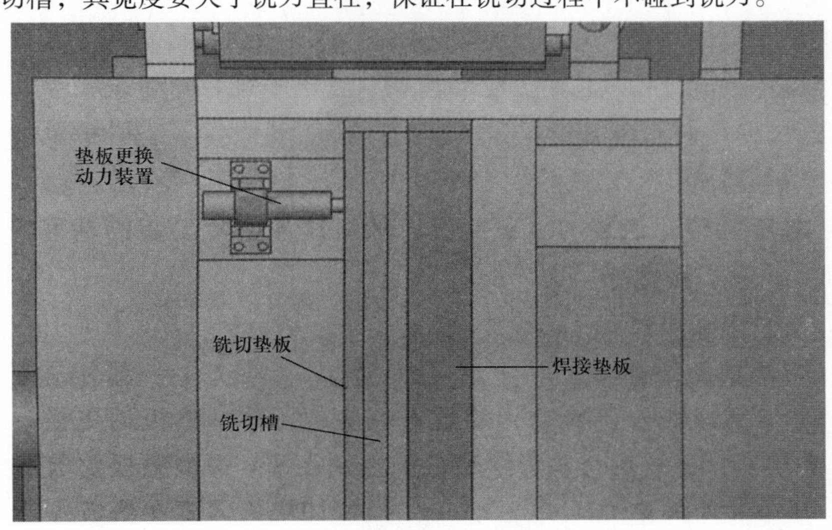

图 2-24　背部焊接垫板和铣切垫板

背部垫板主要作用是在焊接过程中从背面支撑焊缝，保证搅拌摩擦焊接过程中不发生变形，确保焊接的顺利进行。背部垫板具有与焊接零件相拟合的弧度，并且方便拆装，这样可以确保当搅拌头损伤到背部垫板时可以方便地更换垫板，保证搅拌摩擦焊的顺利进行。

背部垫板在所有搅拌摩擦焊设备工装中都是必不可少的（双轴肩搅拌摩擦焊除外），它需要承受焊接过程中巨大的焊接压力。无论是简单的还是非常复杂的工装，都需要装备背部垫板。背部垫板一般要求平直光滑，且硬度大于 45HRC。

（3）底部支撑调整机构及限位机构　这部分工装一般也是所有搅拌摩擦焊设备工装所必备的，但不同的焊接产品对象需要不同的零件底部支撑调整及零件限位机构。图 2-25 所示为筒段零件底部支撑调整及零件限位驱动机构，图中的多点支撑调整滚轮沿周围均匀分布，滚轮支撑压力通过液压调整。这些滚轮有两个作用：一是作为零件的支撑，通过调整零件底端的高低进而将零件进行初步的定位调整；二是可以使零件沿着圆周方向旋转，使焊缝对中主轴中心。图 2-25 所示的装置还有两个外部限位滚轮驱动机构，该机构沿圆周方向均匀分布 8 个，主要作用有两个：一是起限位作用，防止初装好的零件向外滑动；二是该滚轮由电动机驱动主动旋转，与内部的滚轮一起夹紧零件，驱使零件沿圆周运动。

（4）工装内部支撑机构　图 2-26 所示为工装内部支撑机构，其主要发挥刚性支撑作用，并在焊接过程中支撑零件沿圆周方向上的位置。焊接过程中支架是向外支撑的，焊接结束后，支架可沿轴向收缩，这样可以方便地将焊好的筒段取下。

（5）引入/引出板装置　与熔焊焊接一样，为保证焊接质量，减少产品上下端面的去除量，在工装的设计中可以增加引入/引出板装置。对于引入板来说，可以直接在待焊零件上端的对接缝处增加一块引入板，然后使用琴键压紧机构直接压住引入板。引出板的设计可采用如图 2-27 所示的机构，使用一个紧固螺钉将引出板压紧在对接缝的底端，焊接完毕后可以将引出/引入板切掉，这样可以极大地节约产品两端的铣切去除量。

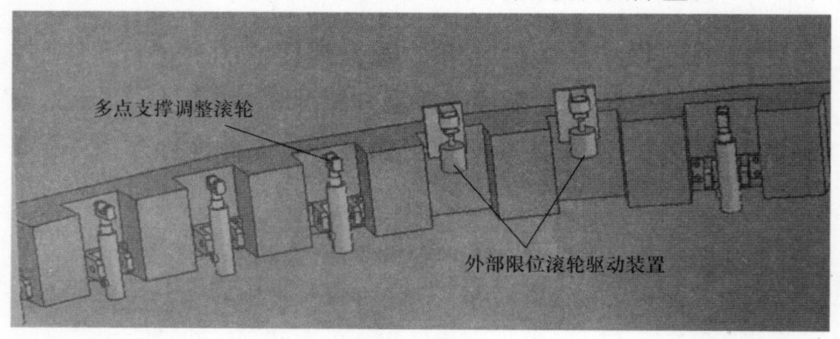

图 2-25　底部支撑调整机构及限位机构

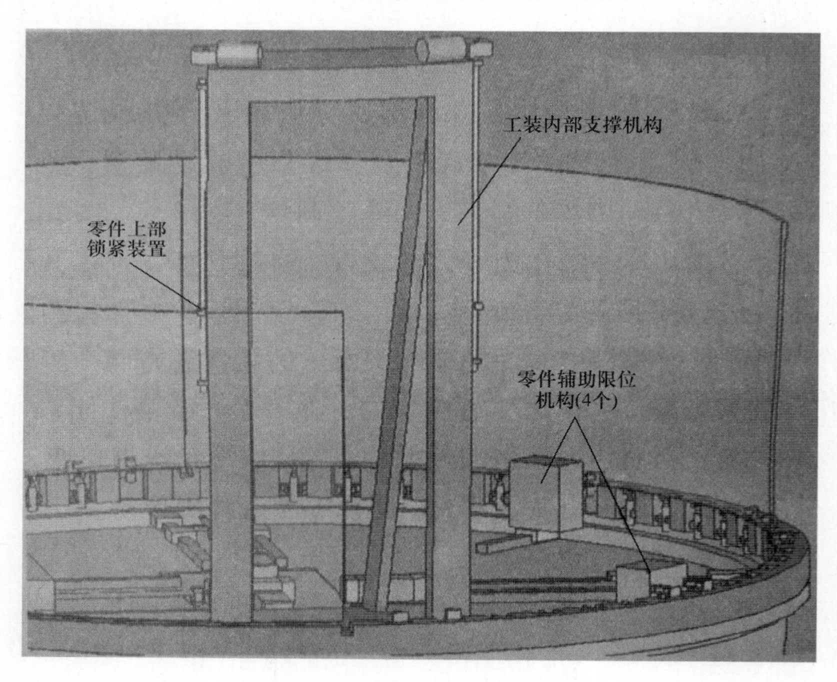

图 2-26　工装内部支撑机构

（6）动力驱动系统　对于搅拌摩擦焊焊接工装来说，其动力驱动系统主要为零件的旋转、支撑架的移动提供动力，保证零件的定位和拆卸。动力驱动系统一般采用液压伺服系统或电气伺服系统。

（7）冷却系统　该系统主要用于对背部垫板进行冷却，确保垫板在焊接过程中不会蓄积热量而导致热输入条件不一致，从而保证焊缝质量的一致性和稳定性。一般情况下，工装不需要装配冷却系统，但当连续进行长时间焊接时，需要考虑背部垫板的冷却问题。常见的冷却系统主要包括水冷、气冷和雾冷三种模式。

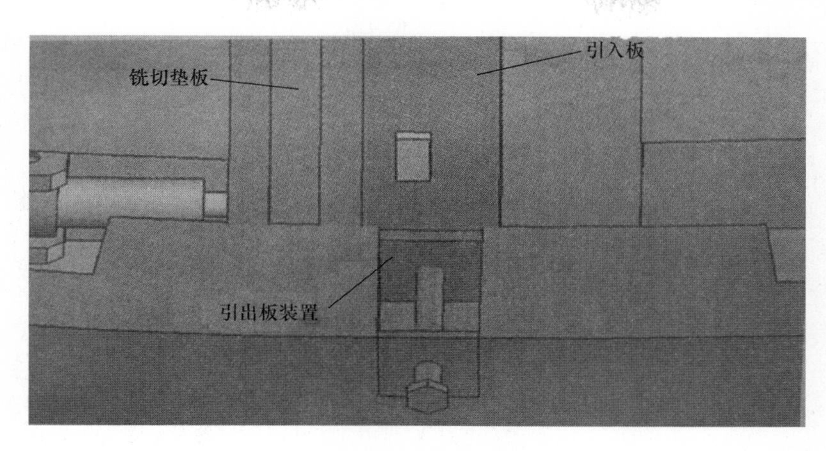

图 2-27　引出板装置

（8）气压/液压系统　该系统也不是搅拌摩擦焊设备所必须具备的，当工装采用气压/液压驱动时，就需要配备气压/液压系统。例如，当工件压紧装置采用气压缸/液压缸配合琴键压紧，而压紧装置固化在工装上时，就需要在搅拌摩擦焊焊接工装中配备气压/液压系统。

2.4　搅拌头的特点与功能

搅拌头和搅拌摩擦焊设备是进行搅拌摩擦焊接的基础。由于搅拌摩擦焊属于固相焊接，焊接过程中需要承受巨大的焊接压力，因此对搅拌头和搅拌摩擦焊设备的刚度等性能要求较高。搅拌头一般需要具备一定的硬度、高温耐磨性及高温韧性等性能，而搅拌摩擦焊设备除了对精度有一定的要求外，还必须符合相应的刚度要求，保证在焊接过程中不发生大的变形。

搅拌摩擦焊技术推广初期主要是以焊接铝合金为主，逐步扩展到镁、锌和铅等有色金属及其合金这些低熔点金属。经过进一步发展，目前该技术可以焊接钛合金、不锈钢和中低碳钢等高熔点金属。最初用于焊接低熔点金属的搅拌头用一般的工具钢制作即可，以后随着焊接高熔点金属和合金的需要，对制作搅拌头的材料也提出了更高的要求。因为搅拌摩擦焊接过程的特殊高温环境，要求制造搅拌头的材料必须耐高温、耐磨损，且具有良好的抗高温软化性能。另外，随着焊接材料厚度的增大，也需要对搅拌头的形状进行优化设计，以获得高效率、高质量的焊接接头。搅拌头作为搅拌摩擦焊接技术的核心，越来越受到广大研究人员的重视。

2.5　搅拌头的构成与作用

搅拌头是搅拌摩擦焊设备最重要的组成部分之一，是搅拌摩擦焊接技术的核心。它与被焊工件相互作用，实现被焊接材料的连接。搅拌头主要由搅拌针、轴肩和夹持区等部分组成，如图 2-28 所示。搅拌针位于搅拌头的顶部，形状各异；轴肩位于搅拌针和搅拌头柱状部分的过渡区，与被焊工件作用，实现被焊接材料的连接。

轴肩在焊接过程中一方面对塑性区金属起着包拢作用，另一方面它与工件表面摩擦产生的热量，是重要的焊接热源，尤其在焊接薄板材时是最主要的焊接热量来源。对于铝合金搅拌摩擦焊，其轴肩的制造材料可以采用中碳钢、工具钢或高温合金等金属材料。

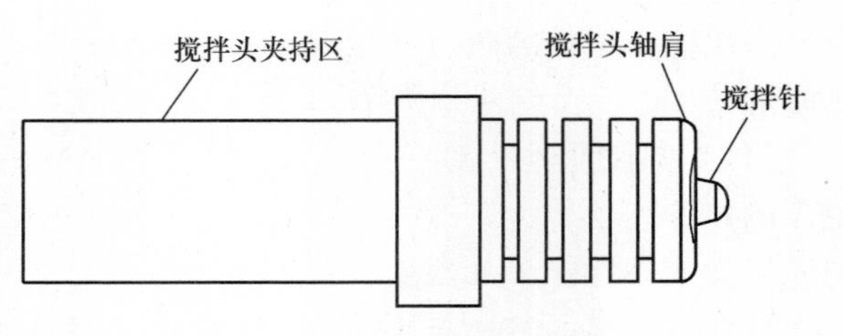

图 2-28　典型的搅拌头构成

搅拌针的作用是通过旋转摩擦产生热量提供焊接所需的热量，并带动周围材料的流动以形成接头。搅拌针另一项重要的功能是为焊缝区塑性材料提供机械搅拌力，使材料流动更合理，以形成致密的焊缝。对于铝合金搅拌摩擦焊，其搅拌针的制造材料可以采用工具钢、高温合金等金属材料。

2.6　搅拌头材料的选择

2.6.1　搅拌头材料的选择依据

理想的制造搅拌头的材料应当具有较长的使用寿命。选择搅拌头材料必须依据以下几个方面进行综合考虑：

（1）强度　主要考虑标准是要使搅拌头能够承受较大的压载荷和剪切载荷，保持长时间不变形，最重要的是在工作温度下能使搅拌头保持较高的抗压屈服强度。

（2）耐磨性　由于搅拌头一直处于高温工作条件，同时要与被焊工件进行摩擦，所以制造搅拌头的材料一定要具有高温耐磨性。

（3）断裂韧度　许多材料具有很好的高温强度，但是低温下的断裂强度却较低。进行搅拌摩擦焊接时，当搅拌头插入工件后，由于向下的轴向力很大，再加上有时候预热停留时间很短，很容易造成搅拌针从根部断裂，因此搅拌头材料必须具备良好的断裂韧度。

（4）蠕变和蠕变疲劳　在长时间焊接某些铝合金结构件时，例如焊接船体和筒形储存件时，搅拌头容易出现蠕变和蠕变疲劳现象。根据蠕变机理，搅拌头在低应力状态下会发生残余变形。已证实，蠕变疲劳是选择搅拌头材料时需要考虑的一个很重要的问题。

（5）热疲劳　在经历过度的冷热循环过程后，搅拌头可能出现热疲劳现象，但是这一问题在铝合金焊接时并不是很明显，可不必重点考虑。

（6）稳定均匀的微观组织结构　应尽可能保证制造搅拌头的材料微观组织结构均匀一致，以便受力均衡。

（7）可加工性　搅拌头材料必须能够方便通过机械加工或者其他方式（如精密铸造或粉末冶金方式）加工成所需形状，这样才能在工程应用中得到推广。

（8）抗氧化性　某些被焊材料（如钛合金）焊接时需要气体保护，这些保护气体有时会对搅拌头产生损害作用，所以搅拌头要具有抗氧化性。

（9）与工件不起反应　应保证搅拌头不与被焊工件中的任何成分发生反应。如果发生反应，有可能导致低熔共晶或沉淀相的形成；还有一种可能是搅拌头与被焊材料在接触面上发生扩散——这可能会形成金属间化合物或沉淀相。上述反应都会破坏搅拌头的完整性。

（10）热传导性　如果搅拌头材料是热的不良导体最好，这可以减少焊接过程中的热散失。当搅拌头材料的热导率较高时，应设计隔热槽等结构，以减少搅拌头通过传导所散失的热量。

（11）热膨胀性　对于某些复合搅拌头（即搅拌针与轴肩分别为两种材料的搅拌头）来说，搅拌针和轴肩材料的热胀系数差别应尽可能小，否则在高温条件下结合间隙过大，会影响搅拌头使用性能，从而影响焊接质量。

搅拌头材料的选择需要综合考虑，其实质就是要以合理的成本制作加工出适合焊接要求、具有复杂形状的搅拌头，并保证搅拌头不易被氧化，具有良好的热稳定性等高温性能。此外，搅拌头还要满足一定的使用寿命的要求。

2.6.2　常用搅拌头材料的性能

目前常见的用于制造加工工具和刀具的材料主要有工具钢、模具钢、高温合金、硬质合金、金属间化合物及陶瓷等材料，其工作温度和主要性能见表 2-1。

表 2-1　常用工具材料性能

材料	正常最高工作温度/℃	实用性	可加工性	与工件反应能力	热稳定性
工具钢	500	很好	好	低	好
WC－Co	800	很好	很差	低	很好
钨基复合材料	800	很好	好	低	很好
难熔金属	1000	好	差	低	易于氧化
镍合金	800	一般	差	低	好
钴合金	800	好	差	低	好
不锈钢	800	很好	好	低	很好
金属间化合物	800	很差	很差	低	大部分很好
陶瓷	1000	不定	很差	低	很好

搅拌头材料与加工工具和刀具的制造材料具有一定的相似性，但由于搅拌摩擦焊技术自身的特点，需要针对被焊材料的不同种类及厚度，选用不同的搅拌头材料。目前所选用的搅拌头材料主要有模具钢、工具钢、硬质合金、高温合金及复合材料，见表 2-2。

表 2-2　常采用搅拌摩擦焊的金属所选用的搅拌头材料

被焊金属	厚度/mm	搅拌头材料	研究状态
普通铝合金	<12	H13 模具钢（相当于国内牌号 4Cr5MoSiV1）	应用于商业生产
所有铝合金（7×××除外）	<25	H13 模具钢，M42 模具钢，其他模具钢	应用于商业生产
7×××铝合金	>12	工具钢，重金属，钴合金 MP159	快速发展
铜和铜合金	所有厚度	重金属，MP159，镍合金，WC－Co	快速发展
镁合金	<10	H13 和其他模具钢	研究中
钛合金	<6	W－25Re	研究中
碳－锰钢	<10	W－25Re	研究中
不锈钢	<6	W－25Re，PCBN	研究中
镍合金	<5	PCBN	研究中

目前我国常用的搅拌头材料主要由3种：GH4169高温合金、H13热作模具钢及硬质合金。这3种材料各有特点，一般根据被焊材料的种类和厚度选择相应的搅拌头材料。

（1）时效硬化型镍基高温合金GH4169　镍基高温合金GH4169广泛应用于重要产品零件的制造，其主要物理性能见表2-3。从表中可以看出，工作温度达到700℃时，GH4169仍能保持较好的性能，可以作为搅拌头的制造材料。试验证明，采用高温合金GH4169制作的搅拌头，可以用来焊接3mm的5A06、2A14、7A04、2A12等各种铝合金及铝基复合材料，接头抗拉强度分别可以达到母材的100%、70%、75%、70%，焊缝质量良好。但是在400℃以上的工作环境下，搅拌头有很严重的磨损，因此选用GH4169作为搅拌头制造材料时，在工程化应用中需要考虑使用寿命的问题，防止因搅拌头的磨损而影响焊接接头质量。一般来说，采用GH4169制造的搅拌头焊接铝合金，基本都可以获得质量良好的焊接接头，但是搅拌头的制造需要在固溶状态进行，机加工完成相应的形状后再进行时效处理，使搅拌头获得较好的硬度和性能。

表2-3　高温合金GH4169的主要力学性能

温度/℃	20	100	200	300	400	500	600	700	800	900	1000
弹性模量/GPa	210	205	200	193	187	180	173	168	—	—	—
线胀系数/(10^{-6}K)	13.2	13.3	13.8	14.0	14.6	15.0	15.8	17.0	18.4	18.7	—
热导率/[W/(m·K)]	—	14.65	15.91	17.58	18.84	20.10	21.77	23.03	24.28	25.96	27.63

（2）热作模具钢H13　热作模具钢H13，含铬量中等，含有易形成碳化物的合金元素，如钼和钒，具有良好的抗高温软化性能。该合金具有较低的含碳量和较低的总合金含量，可提高工作硬度下（通常为40～55HRC）的韧性；具有较高的含钨量和含钼量，可提高热强度，但其韧性稍微有所降低；含有钒元素可以提高高温下的耐蚀性（抗侵蚀磨损）；含硅元素可以改进温度在800℃以下时的抗氧化性能。热作模具钢H13的主要物理特性见表2-4和表2-5，工作温度一般在540℃左右。

表2-4　热作模具钢H13的物理特性

<table>
<tr><td>密度</td><td colspan="20">7.76g/cm³</td></tr>
<tr><td rowspan="2">热胀系数/(10⁻⁶K)</td><td colspan="4">20～100℃</td><td colspan="4">100～200℃</td><td colspan="4">200～425℃</td><td colspan="4">425～540℃</td><td colspan="4">540～650℃</td></tr>
<tr><td colspan="4">10.4</td><td colspan="4">11.5</td><td colspan="4">12.2</td><td colspan="4">12.4</td><td colspan="4">13.1</td></tr>
<tr><td rowspan="2">热导率/[W/(m·K)]</td><td colspan="5">215℃</td><td colspan="5">350℃</td><td colspan="5">475℃</td><td colspan="5">605℃</td></tr>
<tr><td colspan="5">28.6</td><td colspan="5">28.4</td><td colspan="5">28.4</td><td colspan="5">28.7</td></tr>
</table>

表2-5　热作模具钢H13高温时的抗软化性

原始硬度　HRC	在下列温度下100h后的硬度　HRC					
	400℃	540℃	600℃	650℃	700℃	760℃
50.2	48.7	45.8	29.0	22.7	20.1	13.6
41.7	38.6	39.3	37.7	23.7	20.2	13.2

采用热作模具钢H13制造的搅拌头，焊接12mm厚度以下的各种铝合金材料时一般均能得到较高质量的焊缝，并且搅拌头的寿命在1000m左右。当采用图2-29所示的搅拌头焊

接铝合金 5A06 时，焊接状况良好，焊缝表面光滑平整，但是焊接 10mm 厚的铝铜异种材料时，搅拌头在夹持区发生扭断。当采用如图 2-30 所示的搅拌头焊接纯铜时，发生搅拌针折断现象。这是由于搅拌摩擦焊接过程中搅拌头所受扭矩较大，在高温热疲劳作用下，位于搅拌针根部与轴肩相连的过渡处形成了疲劳源，当进行铝铜对接焊和纯铜对接焊时，在较大扭矩的作用下沿夹持区和搅拌针的根部断裂。发生断裂的部位一般都是搅拌头性能薄弱的位置，断裂的发生一方面与搅拌头设计结构有关，另一方面也与所选择的搅拌头材料有关。此外，焊接 12mm 厚度以上的铝板时，在约 300r/min 转速及较低的冷参数（焊接热输入小）条件下，搅拌针很容易从根部断裂。

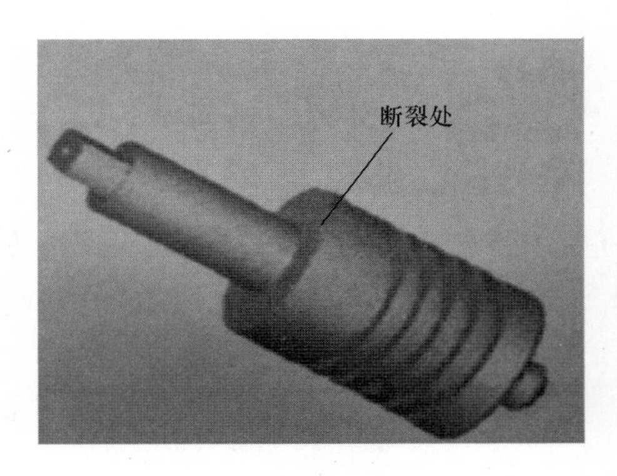

图 2-29　搅拌头夹持区断裂

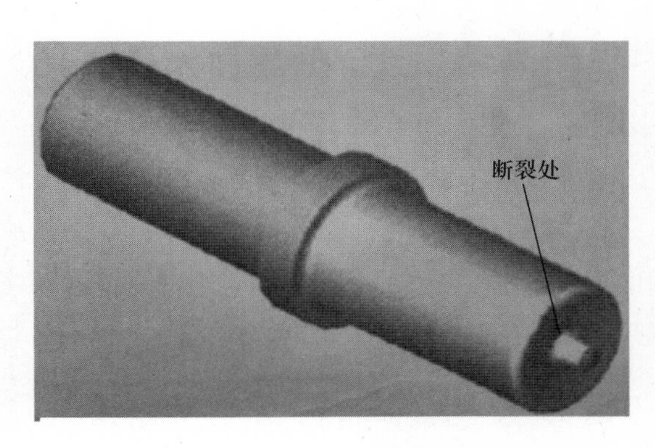

图 2-30　搅拌针根部断裂

对于大部分的铝合金搅拌摩擦焊，都可以采用热作模具钢 H13 作为搅拌头材料。相对而言，这种材料价格低廉，加工方便，加工后的搅拌头进行铝合金焊接时形成的接头性能良好，是制造铝合金搅拌摩擦焊工程用搅拌头的首选材料。

（3）硬质合金　超硬工具材料中 H10F 硬质合金（90WC－10Co），具有极好的抗高温软化性能，在 800℃下仍能保持较高的硬度，而且材料的耐磨性极好，可以满足硬度较高的材料如硬铝、铜合金，甚至钛合金的焊接要求。H10F 硬质合金主要性能见表 2-6 和表 2-7，H10F 的力学性能见表 2-8。

表 2-6　H10F 硬质合金的主要力学性能

90WC－10Co	硬度 HRC	横向断裂强度/MPa	抗压强度/MPa	抗压比例极限/MPa	弹性模量/GPa	抗拉强度/MPa	冲击吸收能量/J	耐磨性	热胀系数/(10^{-6}K)		热导率/[W/(m·K)]
									200℃	400℃	
细晶	90.7～91.3	3100	5170	1590	620	—	1.69	22	—	—	—
粗晶	87.4～88.2	2760	4000	1170	552	1340	2.03	7	5.2	—	112

表 2-7　H10F 硬质合金在不同温度下的硬度

温度/℃	160	300	490	640	810
硬度　HRC	91	90	88	85	84

表 2-8　WC 的物理性能

	硬度　HV	晶系	熔点/℃	理论密度/(g/cm^3)	弹性模量/GPa
WC	2080	六方	2800	15.8	669

使用硬质合金制作的搅拌头焊接各种铝合金时，搅拌头几乎可以保持无限长的寿命，焊接纯铜和黄铜也能得到高质量的焊缝。硬质合金与热作模具钢 H13 和高温合金 GH4169 相比，搅拌头的机械加工难度更大，因此复杂形状硬质合金搅拌头的制造是一个难点。

总之，搅拌头材料的选择需要考虑被焊材料的种类和被焊工件的厚度，同时还要综合考虑搅拌头的制造成本及可靠性等问题。

2.7　搅拌头的设计

搅拌头的形状对搅拌摩擦焊接技术至关重要，它决定了加热、塑性流动和塑化材料被顶锻的模式。5651 搅拌头是在试验和实际生产中最先获得成功应用的搅拌头，它由圆柱体螺纹搅拌针和一个内凹轴肩组成，如图 2-31 所示。

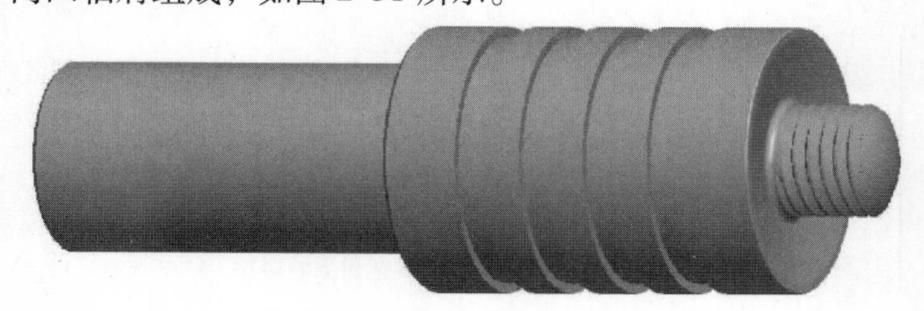

图 2-31　最先获得成功应用的 5651 搅拌头

2.7.1　搅拌头的设计原则

搅拌头由轴肩、搅拌针及夹持区组成，其中最关键的部分是轴肩和搅拌针，其结构和尺寸直接影响焊接过程的产热，决定了焊接接头的质量好坏。搅拌针和轴肩的不同组合，构成了多种搅拌头形状设计。

(1) 轴肩的设计　轴肩的作用是在工件表面施加压力，轴肩与工件摩擦产生的大量热量可以使金属软化，同时通过对软化的金属持续施加压力，防止在固态金属中产生孔洞等缺陷。在对较薄的铝合金板材进行搅拌摩擦焊时，焊接过程需要的大部分热量由轴肩提供。轴肩的直径通常是搅拌针直径的 3 倍左右，若轴肩直径过小，产生的摩擦热不足以使材料塑化；若轴肩直径过大，则焊缝宽度过大，焊接过程中产热过多，不利于提高接头强度。此外，对于热处理强化铝合金来说，焊接热输入过大，也会造成接头抗拉强度的降低。除轴肩直径外，轴肩的形状也影响着接头的表面质量。在搅拌头旋转过程中，轴肩与工件表面接触，并产生向下的力压紧工件，这样会促进接头材料的塑性流动，增大混合搅拌的效果。

轴肩的发展经历了平面—凹面—同心圆环槽—涡状线—其他更加复杂形状的过程。轴肩的主要作用就是尽可能多地提供摩擦热，并且包拢塑性区的金属，促使焊缝成形光滑平整，提高焊接速度。托马斯（Thomas）是最先尝试不同形状轴肩设计的设计人员。如图 2-32 所示，轴肩的形状主要有同心圆形、螺旋形和辐条形等。这些设计形式能够保证轴肩端部下方的塑性金属受到向内方向的力的作用，从而有利于将塑性金属聚集到轴肩端面的中心，以填充搅拌针后方形成的空腔，同时也可减少焊接过程中搅拌针内部的应力集中，从而保护搅拌针。对于特定的被焊材料，为了获得最佳的焊接效果，必须设计与之相适应的特殊的轴肩几何形状。采用无倾角的搅拌摩擦焊焊接工艺进行焊接时，必须增大轴肩对塑性金属材料的包拢汇聚能力，例如可以采用内螺旋沟槽形状的轴肩，这样一方面可以增加摩擦热的输入，另一方面可以增大轴肩的搅拌能力。

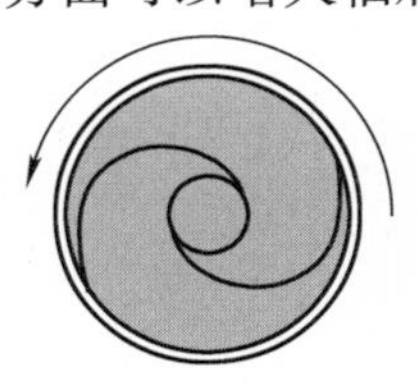 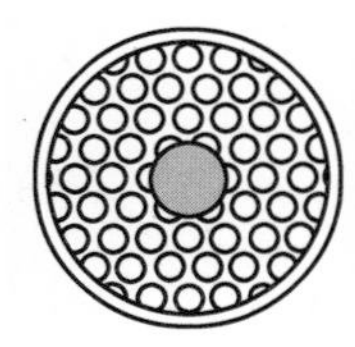  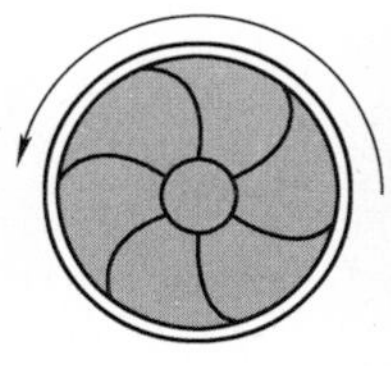 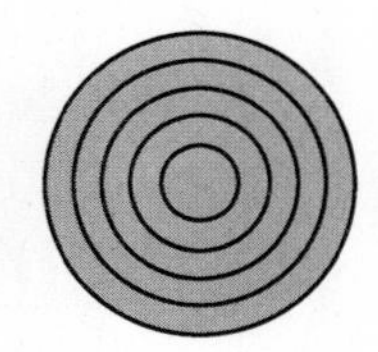

图 2-32　轴肩的主要形状

（2）搅拌针的设计　搅拌针的发展经历了光面圆柱体—普通圆柱螺纹—锥形螺纹—大沟槽螺纹—带螺旋流动槽的螺纹—其他更加复杂形状的过程。

搅拌针的主要作用类似于泵的作用，它能使处于高塑性状态的金属在保持上下运动的同时，沿着搅拌针从前向后流动；它还可以粉碎接头处的氧化膜或其他的杂质。搅拌针的大小决定了焊缝焊核区组织的尺寸及焊接时的焊接速度；其形状一方面决定了焊接过程中的加热和塑性材料被顶锻的模式，另一方面直接影响着焊缝材料的流动形式，对接头成形产生重要作用。很多焊接缺陷的形成都与搅拌针形状设计不合理有关。搅拌针形状和尺寸及焊接参数共同决定了焊接过程的产热和材料流动，从而确定了焊接温度场和流场的性质，而焊接温度场和流场则最终决定了搅拌摩擦焊焊接接头的质量。

早期设计的搅拌针形状都比较简单，如图 2-33 和图 2-34 所示，主要有圆柱体、三棱柱体和圆柱体加螺纹等形状，与之相配套的轴肩结构也比较简单，一般采用普通的平端面，或者设计成在平端面上加工圆环沟槽、月牙沟槽等形状。

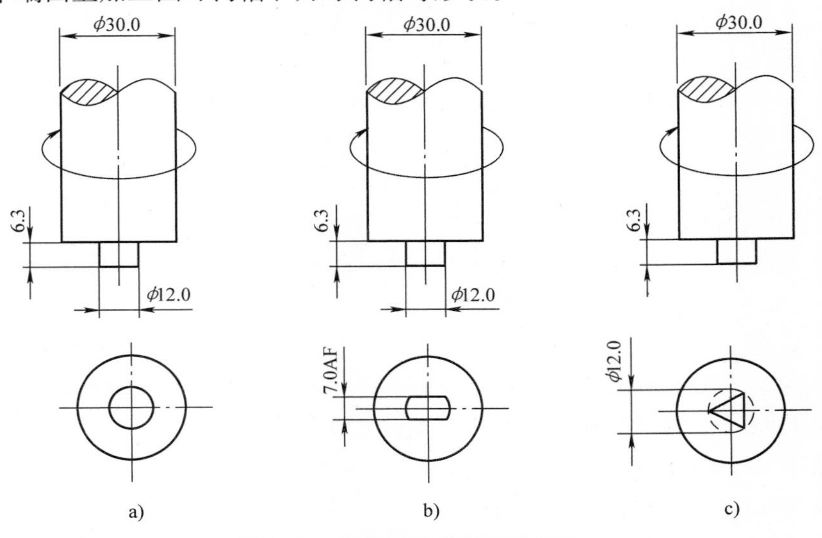

图 2-33　早期形状简单的搅拌针

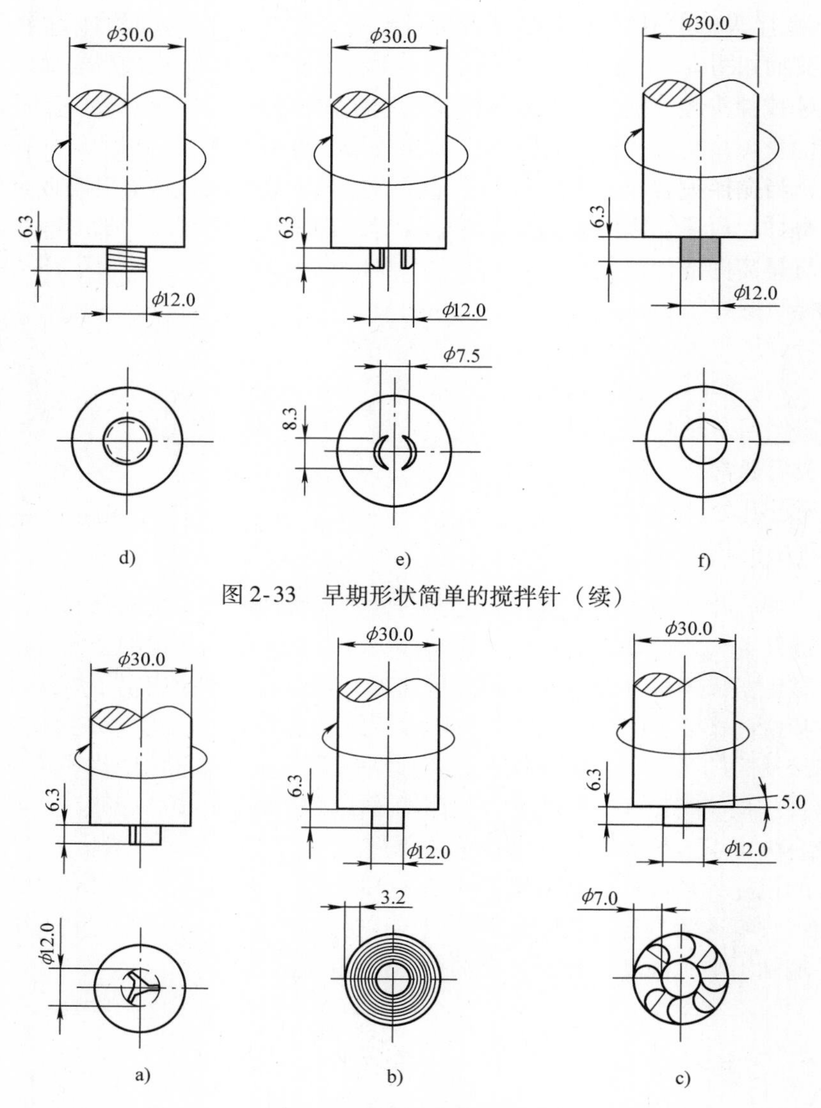

图 2-33　早期形状简单的搅拌针（续）

图 2-34　早期形状复杂的搅拌针

2.7.2　不断发展的搅拌头形状

随着对搅拌摩擦焊接技术研究的不断深入，英国焊接研究所发明了几种新的搅拌头形状设计方案，如 Whorl Tools 搅拌头，如图 2-35 所示。通过在搅拌针上增加比较深的螺纹，根据所加的螺纹间距、螺纹法向夹角及螺纹深度等的变化，再配合轴肩有无同心圆环等结构设计，可以获得多种不同结构的搅拌头，Whorl Tools 搅拌头的主要特征是搅拌针上只有一条螺纹线，该螺纹线加工深度较深。

另外，得到较为广泛应用的搅拌头是 Triflute 搅拌头，如图 2-36 所示。这是在搅拌针上加螺旋沟槽的一种设计。同样，根据沟槽的深度、角度等参数的变化，可以获得一系列不同形状的 Triflute 搅拌头，图 2-36 中的 Triflute 搅拌头的搅拌针上有 3 条螺旋沟槽。

为了更大程度地增加材料的流动性，研究人员又设计出了 MX – Triflute 搅拌头。这种搅拌头在 Triflute 搅拌头的搅拌针上增加了螺旋线，可以完成厚度更大的材料的焊接，如图 2-37所示，其实物如图 2-38 所示。

Bobbin Tool 搅拌头的出现是搅拌头设计的一大创新，主要用于复杂焊缝的焊接，如空间曲线的焊接，该搅拌头又被称为“双轴肩搅拌头”。常规的搅拌摩擦焊需要在工件背部加一个刚性垫板，当搅拌头插入工件时，防止被焊材料在搅拌头的作用力下产生变形，实现焊缝塑性材料的密封、顶锻。使用 Bobbin Tool 搅拌头不需要刚性垫板就可以完成焊接，主要的用途是可以与焊接机器人配合使用，完成空间焊接，减少了搅拌摩擦焊焊接工装设计的难度，增强了搅拌摩擦焊技术的适应性。据报道，日本已经采用 Bobbin Tool 搅拌头进行了运载火箭储箱环缝的搅拌摩擦焊，解决了传统搅拌摩擦焊时工装复杂、装配精度要求高等问题。但是，使用这种搅拌头也存在缺点。首先，焊接前需要在工件上钻孔，将搅拌头固定好。由于钻孔直径通常要大于搅拌针的直径，因此在焊缝的起始位置一般会产生孔洞形缺陷，且焊接完成后通常会遗留一个“匙孔”，无法采用搅拌头回抽技术去除，需要采用摩擦塞焊等手段进行补孔处理。其次，采用 Bobbin Tool 搅拌头对工件厚度也有一定的限制，且搅拌头焊接过程中的热积累很多，对搅拌头的寿命是严峻的考验，需要使用特殊的材料制造搅拌头。Bobbin Tool 搅拌头工作原理如图 2-39 所示，实物如图 2-40 所示。

图 2-35　Whorl Tools 搅拌头

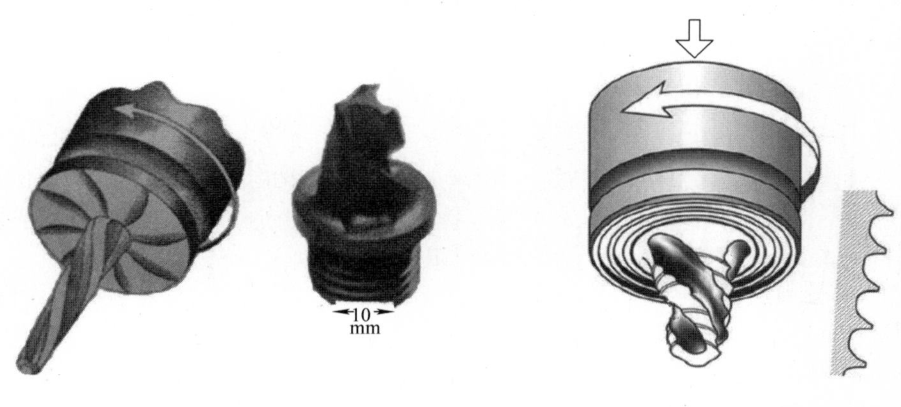

图 2-36　Triflute 搅拌头　　　图 2-37　MX – Triflute 搅拌头

图 2-38　MX－Triflute 搅拌头实物图

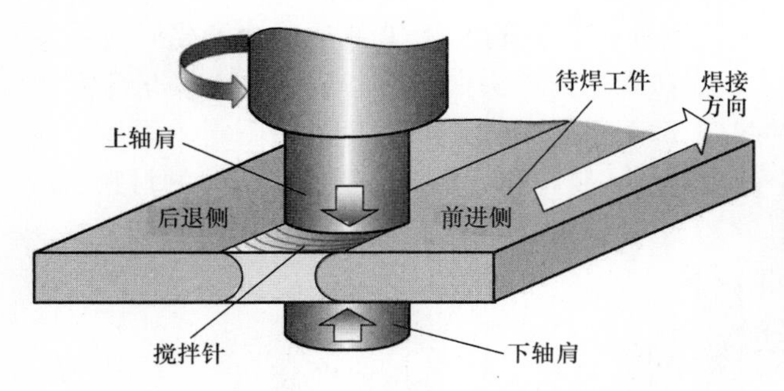

图 2-39　Bobbin Tool 搅拌头工作原理

图 2-40　Bobbin Tool 搅拌头实物图

搅拌头设计的一个重要指标是搅拌头旋转时占用的空间体积与搅拌针本身空间体积的比值。一般来说，该比值越大，说明相同条件下搅拌针的搅拌作用越显著，更适用于厚度大的板材的焊接。Triflute 搅拌头和 MX－Triflute 搅拌头就是这种理论的证明。该理论的另外一项应用是 Skew 搅拌头。一般情况下，搅拌针与搅拌头旋转中心是同轴的，为了扩大搅拌头旋转占用空间体积与搅拌针本身空间体积的比值，设计人员设计出了搅拌针与搅拌头旋转中心不同轴的搅拌头——Skew 搅拌头，如图 2-41 所示。采用这种搅拌头焊接时，搅拌头旋转时占用的空间体积与搅拌针本身的体积之比更大。

随着搅拌摩擦焊接技术的发展，新型搅拌头不断涌现，Trivex 搅拌头就是最新开发出的新品种，其搅拌针的形状是一种复杂的数学曲线（见图 2-42）。

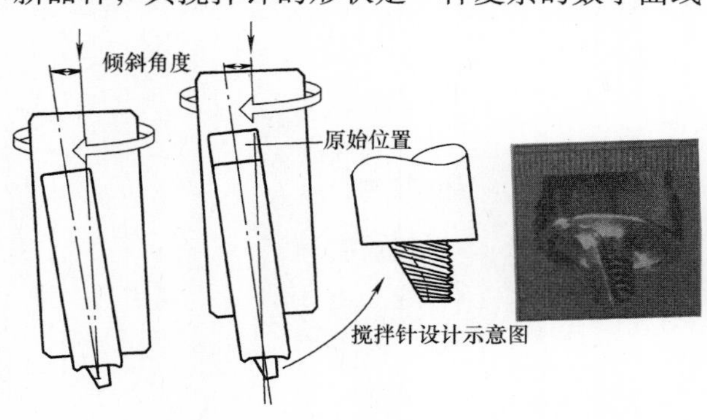

图 2-41　Skew 搅拌头

a)Trivex搅拌头

b)MX–Trivex搅拌头

图 2-42　Trivex 和 MX－Trivex 搅拌头

另外，为了实现搅拌摩擦焊过程的自动控制，解决板材厚度变化等实际问题，已经研制成功搅拌针可调节伸缩的搅拌头。可调节伸缩式搅拌头的设计思路是，通过轴肩和搅拌针在垂直方向上的相对运动，在焊接即将结束时把搅拌针逐渐缩回到轴肩内，最终实现搅拌针端面与轴肩位于同一平面，使焊缝深度逐渐减小为零，从而避免“匙孔”缺陷的出现。图 2-43 所示为 NASA 所属的马歇尔空间飞行中心设计的基于计算机控制的可伸缩式搅拌头。波音公司设计的可伸缩式搅拌头如图 2-44 所示。

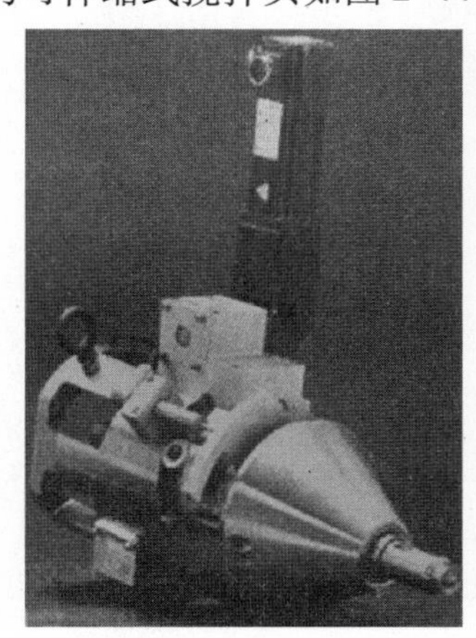

图 2-43　NASA 可伸缩式搅拌头

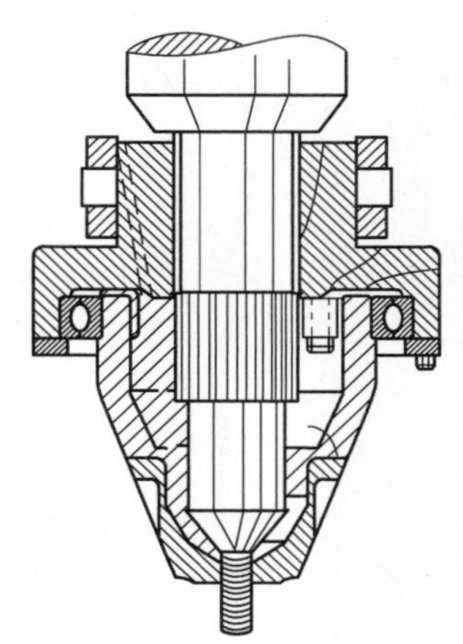

图 2-44　波音公司可伸缩式搅拌头

采用可伸缩式搅拌头进行变厚度板材的焊接过程如图 2-45 所示，除搅拌针与轴肩可以在垂直方向上进行相对运动外，还可以通过附加的轴肩增大搅拌头轴肩直径，实现更大厚度板材的焊接。目前，美国明尼苏达州的 MTS 系统公司和西雅图的 MCE 技术公司已开始向市场提供带有可伸缩式搅拌头的搅拌摩擦焊设备。这种搅拌摩擦焊设备的出现，使得搅拌摩擦焊接技术在航空、航天、汽车和造船等工业领域的应用更具有高效、通用和低成本等的竞争优势。

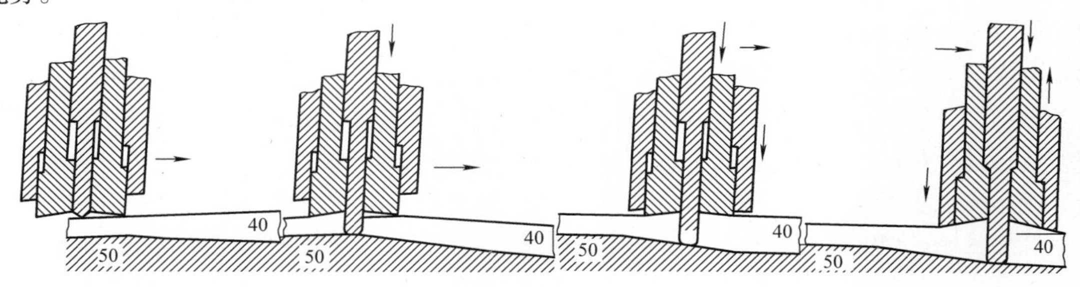

图 2-45　可伸缩式搅拌头焊接厚度变化的板材

2.8　工程常用的搅拌头

虽然针对不同材料和不同工件需要选择不同的搅拌头，但对于常见的铝合金、镁合金等轻质合金，从成本考虑，并结合实用性，工程用搅拌头一般采用圆锥等螺纹搅拌针 + 内凹锥面轴肩设计结构。这种结构一方面可以满足生产需要，另一方面也可以有效地降低成本。工程中搅拌摩擦焊I形对接接头常用的搅拌头如图2-46所示，典型搅拌头的结构如图2-47所示，结构尺寸及焊接参数见表2-9。

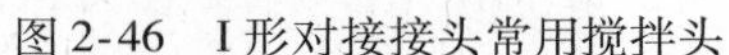

图2-46　I形对接接头常用搅拌头

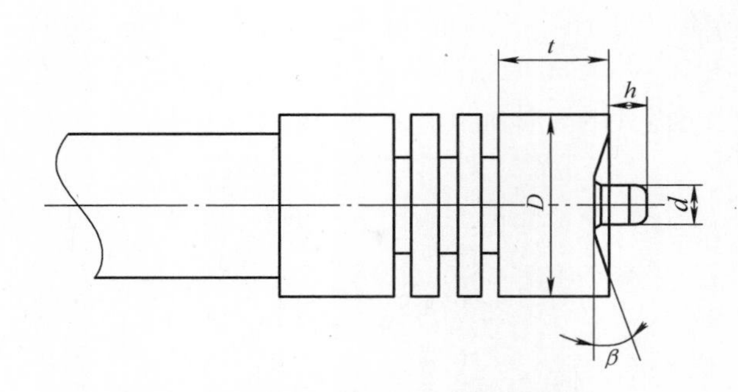

图2-47　典型搅拌头的结构示意图

表2-9　搅拌摩擦焊接I形对接接头的典型搅拌头结构尺寸及焊接参数

母材厚度 δ/mm	搅拌头材料	搅拌头形状	搅拌针尺寸		轴肩尺寸			倾角
			d/mm	h/mm	D/mm	β/(°)	t/mm	α/(°)
≥3~5	高速钢或耐热合金	圆锥形/带螺纹	3~5	$\delta-0.2$	12~20	5~10	3~8	1~3
>5~8	耐热合金	圆锥形/带螺纹	5~8	$\delta-0.2$	18~25	5~10	3~10	1.5~3
>8~12	耐热合金	圆锥形/带螺纹	7~10	$\delta-0.2$	18~30	5~10	3~12	2~3

2.9 搅拌头的开发改进思路

为改进搅拌头的使用性能，提高其使用寿命，降低其使用消耗成本，搅拌头的开发改进可在冷却装置、表面涂层改性、复合式搅拌头等方向进行。

（1）冷却装置　进行搅拌头设计时还要考虑在焊接过程中对其进行冷却，这有助于提高搅拌头的使用寿命。常见的冷却方式主要有内部冷却和外部冷却两种，内部冷却一般采用水路冷却，外部冷却一般采用水喷洒冷却或气体冷却。英国焊接研究所对各种冷却方式都做过试验，其中包括水下焊接试验，这种焊接方式既能冷却搅拌头，又能减少工件上多余的热量，进一步减少焊接变形。安德森（Andersson）等曾报道过在焊接铜板的前期阶段，搅拌头呈红热状态，焊接温度超过1000K；而卡祖塔卡（Kazutaka）、奥卡莫托（Okamoto）等在焊接铜合金时使用了气体冷却的方法，使搅拌头的温度大大降低，避免了搅拌头呈红热状态。

（2）表面涂层改性　用于铝合金焊接的搅拌头，可以通过涂层提高其使用寿命。目前，部分搅拌头使用TiN涂层，效果很好，可以防止被焊金属与搅拌头粘连。

（3）复合式搅拌头　搅拌针和轴肩发挥的作用不同，焊接过程中的受力状况和温度分布也不同，因此搅拌针和轴肩在制造过程中可以采用不同的材料进行加工，尤其是采用造价昂贵的金属材料制造搅拌头时，轴肩与夹持区可以选用价格比较低廉的材料，以降低成本。另外，为了方便搅拌针几何结构的加工，有时也需要单独制作搅拌针和轴肩，然后通过机械螺纹联接等手段将搅拌针和轴肩连接起来，这时候也可以采用不同的材料分别加工搅拌针和轴肩。

2.10　搅拌摩擦焊设备基本操作与数控编程

2.10.1　搅拌摩擦焊设备基本操作

以国产 FSW—TS—016 二维搅拌摩擦焊设备为例，其操作步骤及要求如下：

1）上电前的准备：设备在上电前，需检查的内容有①电源线、各个接线点是否连接正确牢固；②电源开关、柜内各保护开关、急停开关是否完好；③各个连接端子是否连接良好；④电源的接地、接零是否正确、可靠连接；⑤所有需要进行安全防护的部位均采取安全防护措施；⑥在完成以上的通电前准备后，方可为设备通电。

2）设备通电：①当设备的电源连接好后，确认紧急停止按钮在按下的位置时方可上电；②将电柜门关好，把位于控制柜的总电源开关的旋钮转到“ON”的位置上，配电柜内的空调机开始运转，操作臂上的绿色电源指示灯亮；③确认无误后可将“系统启动”旋转到接通的位置，系统开始进行硬件检测，在检测无误后，屏幕显示开机画面。设备可以进行操作。

3）回零操作：当设备调整完毕第一次上电，采用手动运行了设备的全行程、确认无回零的阻碍后，可以先执行各个轴的回零操作，具体执行方法是：①将操作方式选择在手动模式；②选择回参考点的方式软键；③选择回零轴的键；④按下操作面板的循环启动键；⑤相应的轴朝零点方向运行，在碰到零点行程开关后，轴运行速度转为搜索零点脉冲的慢速；⑥轴以慢速搜索到编码器零点后运动停止，屏幕上相应的轴坐标值显示为零时，轴的回零完成；⑦若想在回零的过程中中止回零的运动，只需要按下 <Reset> 键，回零的运动就会中止；⑧回零方向：X+、Y+、Z+、C+。

4）调整搅拌头旋转倾角：先将耳轴锥套两旁 8 个 M8 内六角螺栓拧松，再调整两个倾角调整螺钉（注：调整角度时，拧紧一个倾角调整螺钉之前一定要松掉另一个螺钉，否则起不到调整效果，且对焊机有损害）。调整角度后用专业量角器测量修正，调整完毕拧紧 M8 内六角螺栓。

5）换刀操作：选择要更换的搅拌头，松掉搅拌头轴套上的 M10 内六角螺栓（注：拧松螺栓时一定要用手托住搅拌头，避免搅拌头掉落，撞碎搅拌针），取下原搅拌头换上要使用的搅拌头，拧紧螺栓（注：每次更换完搅拌头后都要进行对刀操作，避免撞刀）。

6）手动连续进给和增量进给：将面板上的方式开关拨到“JOG”位置（见图 2-48），按住轴移动方向按钮（+X、-X、+Y、-Y、+Z、-Z）之一，各轴将分别在相应的方向上产生连续位移，直到松开手为止，若要调节移动速度，可旋转进给速度修调倍率开关，则实际移动速度等于系统内部设定的快移速度乘进给速度修调倍率。若同时按快移按钮和某个轴移动方向按钮，则在对应轴方向上，将无视进给速度修调倍率的设定，以系统内部设定的快移速度产生连续位移。将面板上的方式开关拨到“步进”位置，将增量倍率选择开关（亦即进给修调开关）设定于（×1、×10、×100、×1000）四挡之一的位置。每次按压/松开轴移动方向按钮一次，拖板将在相应的轴方向上产生指定数量单位的位移。通过调整改变增量进给倍率值，可得到所期望的精确位移。当需要用手动方法产生较大范围的精确移动时，可先采用手动连续进给（点动）的方法移近目标后，再改用增量进给的方法精确调整到指定目标处。点动和步进既可用于空程移动，也可进行铣削加工。

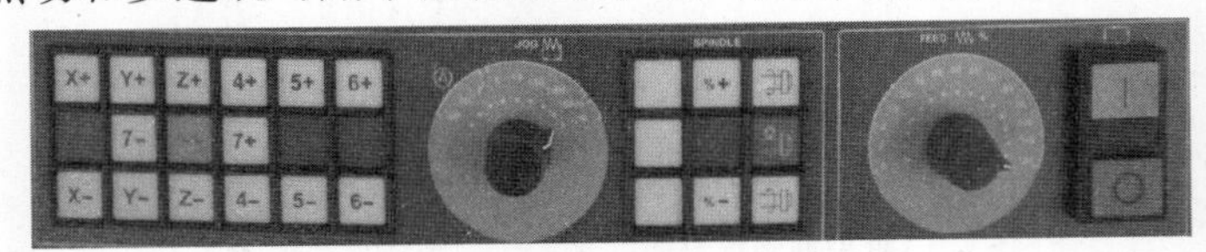

图 2-48　机床操作面板

7）手轮操作：① 将界面切换到手动操作模式上；②将轴选开关转换到要移动轴上；③用倍率开关选择倍率，从“OFF”转换到“ ×1”、“ ×10”或“ ×100”的倍率上；④用手按住按钮盒上两侧的使能按键，朝“+、-”方向转动手摇脉冲发生器（见图 2-49），该轴就会按照所选倍率朝所选择的方向移动；⑤停止摇动手摇脉冲发生器或松开手轮盒的使能按键，轴运动停止。使能按键可以防止手轮误转动引起设备的错误运动，造成不必要的损失；⑥手轮操作完毕，将轴选开关放回到“OFF”的位置；⑦操作手轮时应均匀地转动，避免快速运动的冲击产生报警。

注意：①手轮使用时应轻拿轻放，避免碰击损坏；②手轮使用完毕，轴选开关放到关断位置，否则操作面板手动按键不生效；③操作手轮结束时，要等到运动停止后再松开使能按键；④若在运动未停止前松开使能按键，会因存在未运动完毕指令而报警。

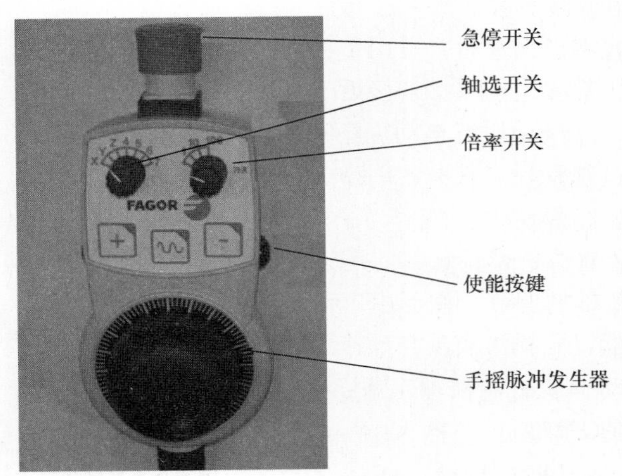

图 2-49　手摇脉冲发生器

8）步进操作：①在手动操作的模式下，可以进行步进操作，选择手动方式；②选择手动方式的开关在步进范围的 1、10、100、1000 中的某个增量值；③每按下一次移动轴的“+”“-”方向键，轴便会移动一个增量值选定的位置。

9）MDI 操作：MDI 是指命令行形式的程序执行方法，它可以从计算机键盘接受一行程序指令，并能立即执行。采用 MDI 操作可进行局部范围的修整加工以及快速精确的位置调整。MDI 操作的步骤如下：①在基本功能主菜单下，按 F4 功能键切换到 MDI 子菜单下；②再按 F6 进入 MDI 运行方式，操作面板显示区显示的是系统当前的模态数据。命令行出现光标，等待键入 MDI 程序指令；③可用键盘在光标处输入整段程序（如 G90 G01 X10.0 Y10.0 Z10.0 F100），也可一个功能字一个功能字的输入，输完后按 <Enter> 键，则各功能字数据存入相应的地址，且显示在正文区对应位置处。若系统当前的模态与要输入的指令模态相同，则可不输入。在按 <Enter> 键之前发现输入数据有误，可用退格键、编辑键修改。若按 <Enter> 键后发现某功能字数据有误，则可重新输入该功能字的正确数据并按 <Enter> 键进行更新。若需要清除所输入的全部 MDI 功能数据，可按功能键 F1；④全部指令数据输入完毕后，将操作面板上的工作方式开关置于“自动”挡，然后按压操作面板上的“循环启动”按钮，即可开始执行 MDI 程序功能。若 MDI 程序运行中途需要停止运行，可按功能键 F1。如果在进行 MDI 运行时，已经有程序正在自动运行，则系统会提示不能实施 MDI 运行。当一 MDI 程序运行完成后，系统将自动清除刚执行的功能数据，等待输入下一个运行程序段。

10）快速操作：若要在手动时快速移动轴，要在按住轴移动键的同时，按住“～”键，轴会以 G0 的速度运行。G0 的运行速度受倍率开关的控制。

11）工件夹紧：利用现有工装达到以下夹紧要求：①夹紧过程中不得破坏工件在夹具中占有的重要位置；②夹紧力要适当，既要保证工件在加工过程中的定位稳定性，又要防止夹紧力过大损伤工件表面或使工件产生过大的夹紧变形；③ 操作安全、省力；④结构应尽量简单，便于制造、维修。

12）对刀操作：当搅拌头离对刀点距离足够远时，用 100 倍率的手轮进给将搅拌头 X 轴、Y 轴、Z 轴坐标移动到与对刀点较近的位置，换 10 倍率慢调，当 Z 轴对刀时可用 0.1mm 的薄纸片在搅拌针下移动，Z 轴缓慢下降，当搅拌针恰好压到薄纸片不动时，停止 Z 轴对刀，记下 Z 轴参数。通过三轴对刀可以得出 X 轴、Y 轴、Z 轴的参数，记下来以便以后调整参数（注：在对刀之前，进入手动—MDI—输入“G53”—循环启动，即取消刀具半径和长度补偿，相对于机床零点编程，缺少此步骤，会有发生撞刀和危险事故的可能；对刀设置零点偏置后，可用手轮控制搅拌头接近对刀点，再观察屏幕上的 X 轴、Y 轴、Z 轴坐标是否都接近于零。若接近于零，对刀、设置零点偏置正确；反之重新对刀调整设置）。

13）执行自动程序时的手动控制焊接压入量：在自动程序焊接过程中，操作者可以通过观察焊接状况，手动干预搅拌头的插入量。操作方法如下：①在执行自动程序的操作方式进行焊接时，根据观察焊接压入量状态，在操作面板上操作按钮“Z+”“Z-”，每按一次 Z 轴位置调整量为 0.02mm，总的调节量在位置窗口显示；②也可以在手持操作单元上实现 Z 轴的调节。按下用户自定义键—手轮 Z 轴插入开启键，转动手持操作单元首要脉冲发生器，同样可实现与操作面板相同的调整 Z 轴的效果；③在程序的执行过程中，由于通过手动干预过 Z 轴，该窗口里的数便不为零。在每执行完成一次后，可在 JOG 模式下手动回零，使 Z 轴数值清零。

14）图形显示功能：系统具有图形显示的功能。程序编辑完成后，可以通过模拟执行零件程序，观察图形轨迹来检查零件程序的正确与否，与实际工件是否相符。有关图形功能的使用、操作方法，请参阅相关操作手册。

15）焊后操作：焊后主轴停止，采用合适顺序拆卸夹具，取出工件，对工件进行清理；整理好工具，打扫焊机。

16）设备的断电：设备断电时，首先应将设备的各个轴移动到设备的安全位置，停止各项操作后，将紧急停止按钮按下。当急停按钮被按下后，Z 轴的机械制动生效。在急停按钮被按下后，可以关掉位于操作臂上的系统启动旋钮。最后关闭电气控制柜上的总电源开关。

2.10.2　数控编程

以数控操作系统 FAGOR 8055 为例，其操作面板如图 2-50 所示。

图 2-50 FAGOR 8055 操作面板

1. 参考点与机床坐标系

参考点位置的设定并没有统一的标准，各厂家可根据需要将其设定在某一固定位置。有的设在各轴正向行程极限处，有的却设在各轴负向行程极限处。不管厂家怎样设置，参考点的位置在出厂时就已调整并固定好，用户不得随意改动，否则加工运行精度将无法保证。

当经过手动回参考点后，屏幕即显示此时机床原点的坐标（0，0，0），即该机床的参考点与机床原点重合（当然实际机床中，也有的参考点与机床原点并不重合，此类机床在参考点处的机床坐标显示就不是 0）。

2. 工件坐标系

机床的工件坐标系各坐标轴的方向和机床坐标系一致，工件坐标系可通过执行程序指令用 G54 ~ G59 指令来预置。

在机床操作系统中，还可用 G54 ~ G59 指令在 6 个预定的工件坐标系中选择当前工件坐标系。当工件尺寸很多且相对具有多个不同的标注基准时，可将其中几个基准点在机床坐标系中的坐标值通过 MDI 方式预先输入到系统中，作为 G54 ~ G59 的坐标原点，系统将自动记忆这些点。一旦程序执行到 G54 ~ G59 指令之一，则该工件坐标系原点即为当前程序原点，后续程序段中的绝对坐标均为相对此程序原点的值。

3. 程序中用到的各功能字

G 功能（格式：G28，G 后可跟 2 位数），搅拌摩擦焊数控铣床中常用的 G 功能指令见表 2-10。

M 功能（格式：M2，M 后可跟 2 位数）：M3 为主轴正转，M4 为主轴反转，M5 为主轴停转，M02 为程序暂停，M30 为程序结束，回程序开头。

F、S 功能：F 功能是用于控制刀具相对于工件的进给速度。速度指令范围为 F0 ~ 24000，采用直接数值指定法，可由 G94、G95 分别指定 F 的单位是 mm / min 还是 mm / r。注意：实际进给速度还受操作面板上进给速度修调倍率的控制。S 功能用于控制带动刀具旋转的主轴的转速，其后可跟 4 位数。

表 2-10　数控铣床的 G 功能指令

代码	意义	代码	意义	代码	意义
* G00	快速点定位	G28	回参考点	G52	局部坐标系设定
G01	直线插补	G29	参考点返回	G53	机床坐标系编程
G02	顺圆插补	* G40	刀径补偿取消	* G54 ~ G59	工件坐标系 1 ~ 6 选择
G03	逆圆插补	G41	刀径左补偿		
G04	暂停延时	G42	刀径右补偿		
* G90	绝对坐标编程	* G94	每分钟进给方式	G98	回初始平面
G91	增量坐标编程	G95	每转进给方式	* G99	回参考平面

注：标有 * 的 G 代码为数控系统通电启动后的默认状态。

4. 编程实例

下面就以一个直线焊接程序为例，做简单说明：

程序	说明
S1200 M4 ;	主轴转速 1200r/min，主轴反转
G90 G00 X－120 Y－120 Z－100;	系统以绝对坐移动到 X－120 Y－120 Z－100 的位置上
G00 Z－110 ;	*Z* 轴快速移动到 Z－110 的位置上
G91 G01 Z－6 F10 ;	*Z* 轴以 10mm/min 的进给速度，从当前点向下移动 6mm
G04 K800 ;	下插到底延时 8s
G91 G01 X－500 F120 ;	开始以 120mm/min 的速度焊接 500mm
G04 K500 ;	焊接结束延时 5s
G91 G01 Z5 F10 ;	*Z* 轴以 10mm/min 慢速向上移动 5mm
M05 ;	主轴停止
G90 G0　Z0 ;	*Z* 轴快速向上返回到零的位置
G90 G0　X0 ;	*X* 轴快速回到零点位置
M30 ;	程序结束，并回到初始程序段

本章知识点和技能点

1. 知识点

了解搅拌摩擦焊设备特点、设备分类、常用设备。

了解典型搅拌摩擦焊设备结构。

了解搅拌头特点与功能。

了解搅拌头的构成与作用，了解搅拌头制作材料及其使用性能。

2. 技能点

掌握搅拌摩擦焊设备常用工装的设计方法。

掌握搅拌头形状设计方法。

掌握搅拌摩擦焊设备操作和数控编程。

第 3 章　搅拌摩擦焊焊接工艺

本章重点

搅拌摩擦焊焊接参数对接头质量的影响。

3.1　搅拌摩擦焊焊接参数

搅拌摩擦焊的焊接参数主要包括搅拌头转速、焊接速度（搅拌头沿焊缝方向的行走速度）、搅拌头倾角和轴肩压力。

在确定焊接参数前需要先进行搅拌头选型，然后采用正交试验法得到合适的焊接参数，图 3-1 所示为典型的铝合金材料焊接参数确认路线。

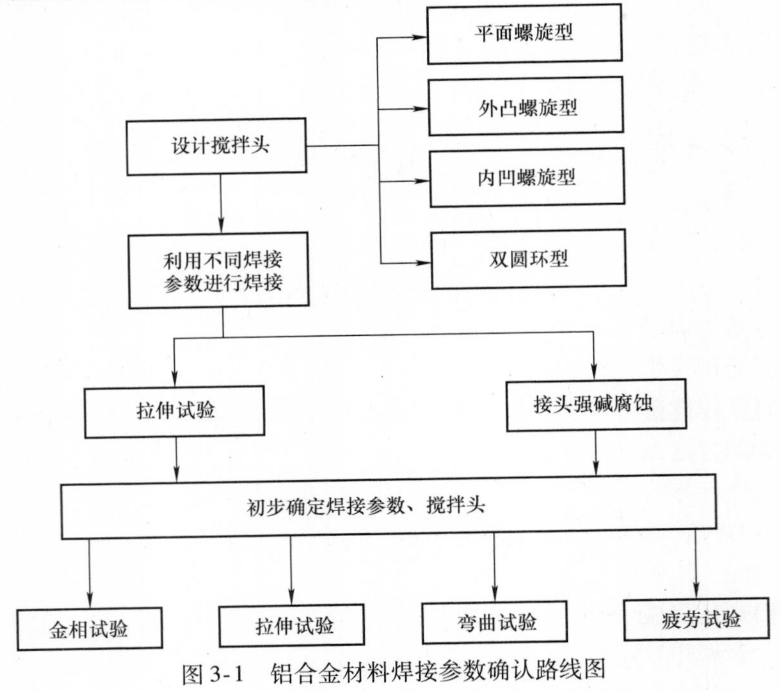

图 3-1　铝合金材料焊接参数确认路线图

3.1.1　焊接速度

当转速为定值、焊接速度较低时，在接头某一区域停留并摩擦产热的时间相对增加，导致接头受热区域变大，且由于接头局部摩擦时间太长形成相对粗大组织的可能性就越大，这会影响接头成形、抗变形能力及接头强度。如果焊接速度过高，使塑性软化材料填充搅拌针行走所形成的空腔的能力变弱，软化材料填充空腔能力不足，焊缝内易形成一条狭长且平行于焊接方向的孔洞缺陷，严重时会形成隧道缺陷或表面沟槽，导致接头强度大幅度降低。图 3-2 所示为焊接速度对铝合金搅拌摩擦焊接头抗拉强度的影响。由图可见，接头强度与焊接速度的关系并非简单的线性比例关系。

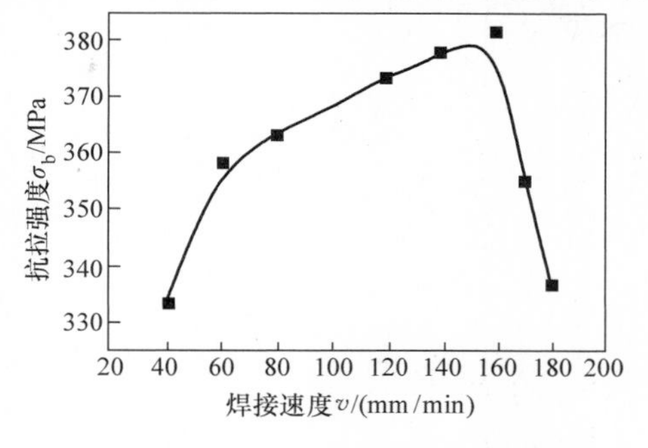

图 3-2　焊接速度对接头抗拉强度的影响

3.1.2　搅拌头转速

在其他焊接参数不变的情况下，搅拌头转速较低，摩擦产热功率小，焊接区金属不能达到热塑性状态，不足以形成热塑性流动层，无法形成闭合的焊缝，最终在焊缝表面出现沟槽。稍微增加搅拌头转速，表面沟槽消失，但内部仍有孔洞甚至隧道缺陷。直至转速升高到一定程度时，方可形成致密焊缝。

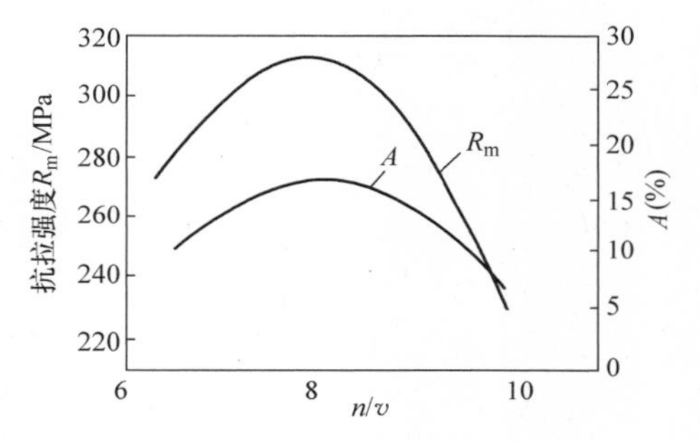

图 3-3　n/v 对接头性能的影响

搅拌头转速（n）和焊接速度（v）的比值对接头性能有一定影响，随着 n/v 值的增加，强度和塑性都增加。但达到最大强度值后，继续增加 n/v 值，强度和塑性开始降低（见图 3-3）。

3.1.3　搅拌头倾角

搅拌头的倾角 θ 是指搅拌头中心轴线与工件表面法线之间的夹角。在一般情况下，搅拌头的倾角定为 0°～5°。搅拌头倾角主要通过改变接头致密性、软化材料填充能力、热循环和残余应力来影响接头性能。

搅拌头倾角对焊缝金属塑性流动的影响如图 3-4 所示。当改变搅拌头倾角时，焊缝金属的塑性流动停滞点发生很大变化。从图中可以看出，在搅拌头倾角为 0°时，即搅拌头与工件表面垂直时，焊缝金属的塑性流动停滞点处于焊缝根部中心，随着角度的增大，搅拌力增大，塑性流动的停滞点向焊缝上方移动，这样有利于消除焊接缺陷。

3.1.4　轴肩压力

轴肩压力除了影响搅拌摩擦产热以外，还对搅拌后的塑性金属施加压紧力。试验表明，轴肩压力主要影响焊缝成形。压紧程度偏小时，热塑性金属“上浮”溢出焊缝表面，焊缝内部由于缺少金属填充而形成孔洞。如果压紧程度偏大，轴肩与焊件的摩擦力增大，摩擦热容易使轴肩平台发生黏附现象，焊缝两侧出现飞边和毛刺，焊缝中心下凹量较大，无法形成良好的焊接接头。

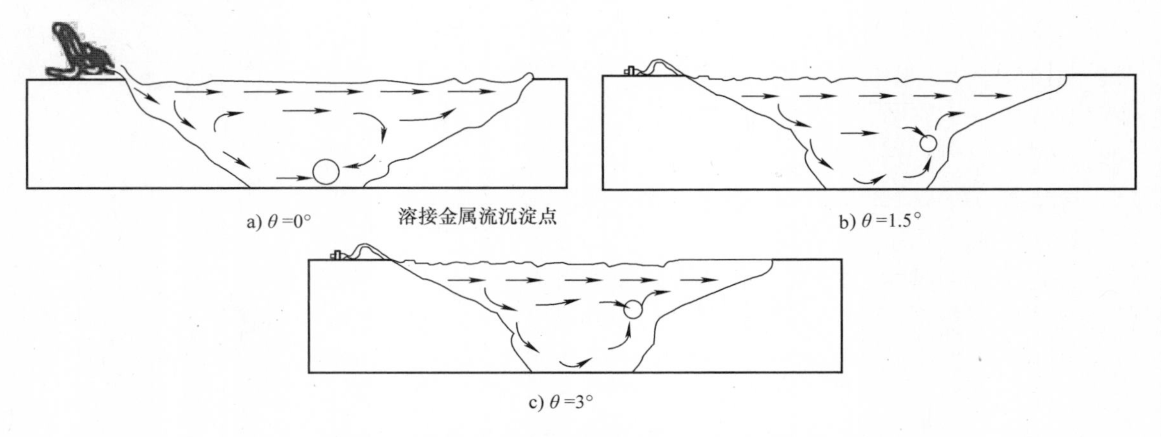

图 3-4　搅拌头倾角对焊缝金属塑性流动的影响

3.1.5　接头表面状态

在实际生产中，通常认为搅拌摩擦焊对工件的焊前清理要求不是很严格，并考虑到生产工序和成本等原因，往往会忽略焊前清理的工作。

经过大量试验验证表明，铝合金的表面状态会影响搅拌摩擦焊接头的力学性能，尤其是油污的存在，使接头的抗拉强度降至母材强度的60%左右，同时也显著降低接头的塑性。而铝合金表面的氧化膜会造成焊核区及焊缝前进侧出现黑色的“s”线缺陷（见图3-5），虽说对抗拉强度没有影响，但会影响接头的疲劳性能。

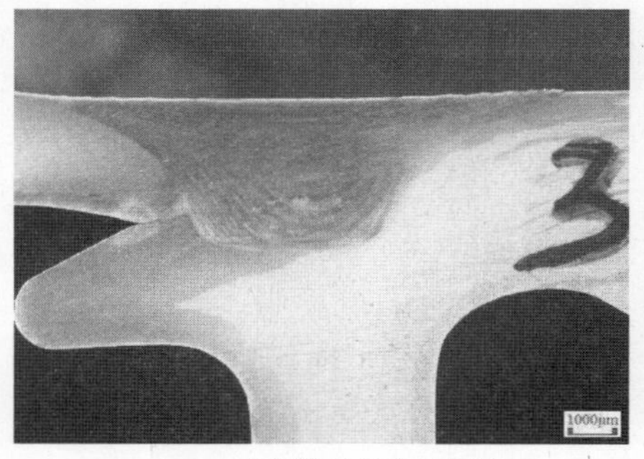

a) 清除油污和氧化膜

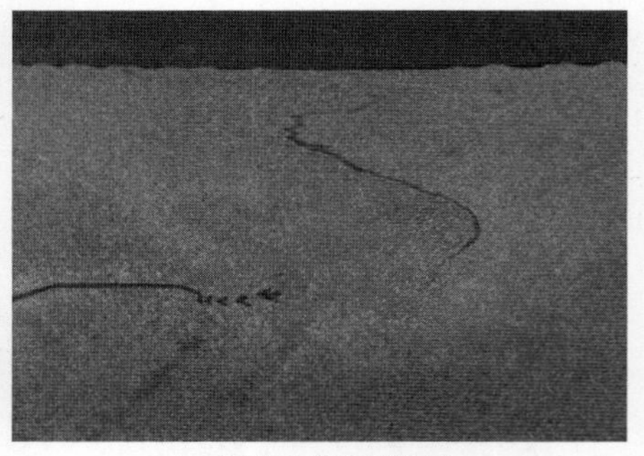

b) 未清除油污和氧化膜

图 3-5　表面状态不同的接头组织形貌

3.1.6　搅拌头对中偏移量

在搅拌摩擦焊接过程中，搅拌头的中心与焊接接头中心线的相对位置，对焊接接头的质量，特别是焊接接头的强度有很大的影响。图 3-6 所示为使用验证后的焊接参数对 4mm 厚的 6N01S－T5 铝合金进行焊接，分别调整搅拌头的中心位置以对比其对焊接接头抗拉强度的影响。此图也表示出了搅拌头中心位置与焊接方向以及搅拌头旋转方向之间的关系。

从图中可见，在焊缝返回侧，搅拌头的中心与焊接接头中心线偏差 2mm 时，对焊接接头的力学性能几乎无影响；而在焊缝前进侧，搅拌头的中心与焊接接头中心线偏差 2mm 时，便会造成焊接接头的力学性能显著降低。当搅拌针直径为 5mm 时，搅拌头的中心与焊接接头中心线允许偏差为小于搅拌针直径的 40%，这是对于搅拌摩擦焊焊接性好的材料而言，

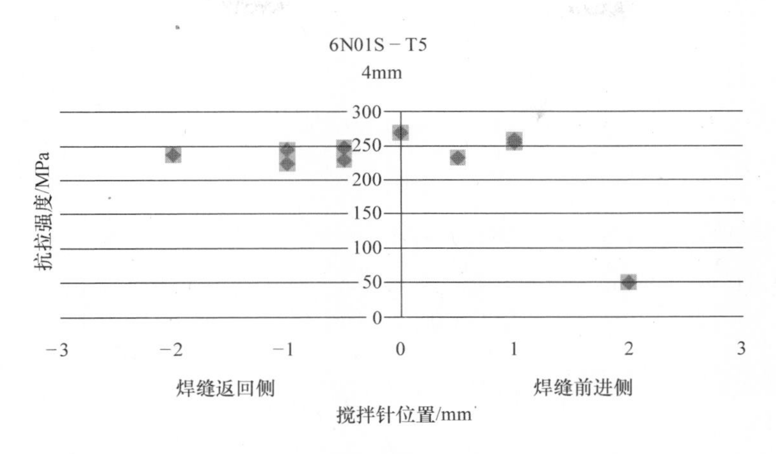

图 3-6　搅拌头中心位置对接头抗拉强度的影响

而对于焊接性较差的其他合金，允许范围就小得多。为了获得优良的搅拌摩擦焊焊接接头，搅拌头的中心位置必须保持在允许的范围内。接头间隙和搅拌头中心位置都发生变化时，对其中一个因素必须要严格控制。

另外，还要考虑接头中心线的扭曲、接头间隙的不均匀性、接合面的垂直度或平行度等因素。

3.1.7　焊接装配

在焊接过程中，影响接头性能的工程因素主要有焊接间隙、错边量等因素。搅拌摩擦焊工艺对焊接间隙 d 存在一定的容限，当间隙在一定范围内变化时，所得接头的综合力学性能比较接近，当间隙过大时，接头性能就会由于缺陷的出现而显著降低，不同焊接间隙下的接头形貌如图 3-7 所示。

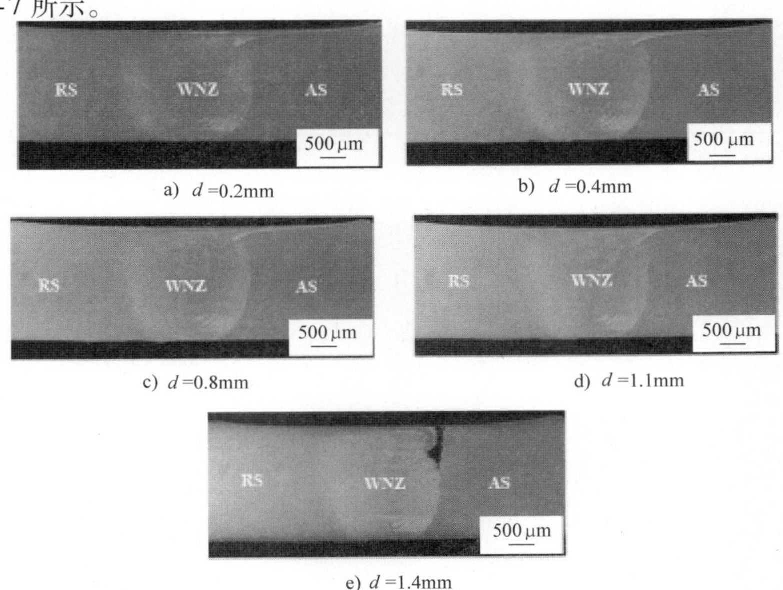

图 3-7　不同间隙 d 时的接头形貌

随着错边量的增加，焊接设备的振动程度增大，焊缝飞边量增多，焊缝质量变差（见图3-8），但在一定范围内，所得接头力学性能趋于一致，说明搅拌摩擦焊工艺对错边量 m 也存在一定的容限。但在实际生产中，应综合考虑焊接设备和工艺的稳定性及焊缝成形质量，对错边量予以严格控制。

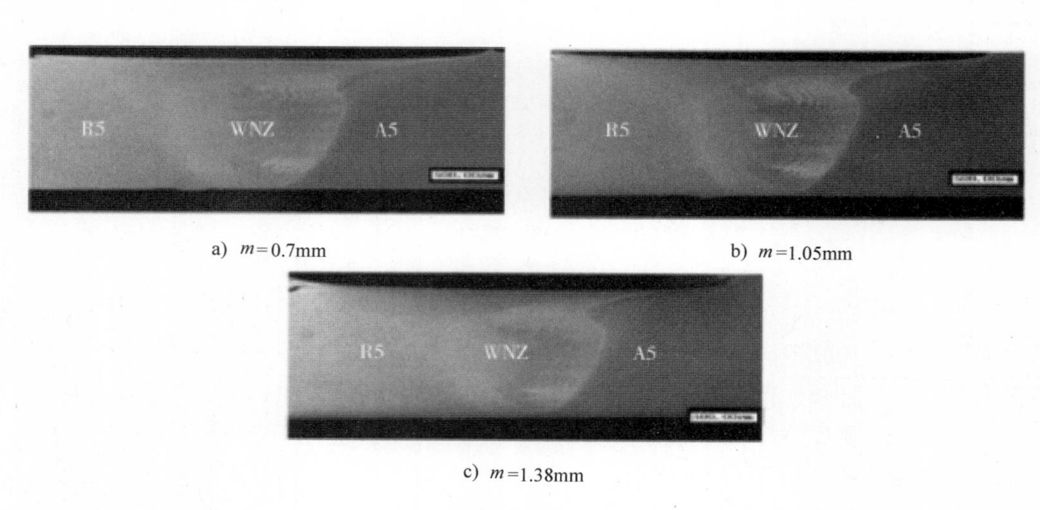

a) m=0.7mm　　b) m=1.05mm

c) m=1.38mm

图3-8　不同错边量下接头形貌

3.2　搅拌摩擦焊典型焊接参数

现要对成熟接头3.9mm铝合金车辆壁板进行焊接，接头形式为对搭接接头，已选定搅拌头，如何确定焊接参数?

因为搅拌头已确认，又是成熟结构，根据以往类似结构选取大致参数，并按正交试验法进行对比验证，搅拌头尺寸及焊接参数选择见表3-1。

表3-1　搅拌头尺寸及焊接参数

焊缝1	轴肩直径/mm	12	针长/mm	4.2
	焊接速度/（mm/min）	600	转速/（r/min）	1400
焊缝2	轴肩直径/mm	12	针长/mm	4.2
	焊接速度/（mm/min）	500	转速/（r/min）	1400
焊缝3	轴肩直径/mm	12	针长/mm	4.2
	焊接速度/（mm/min）	600	转速/（r/min）	1500

使用上述参数焊接三条焊缝，并切取3条焊缝首尾、正反共12个金相。试样数量及编号见表3-2、表3-3。

表3-2　试样数量

验证项目	验证方法参考标准	标准要求数量	实际取样数量
宏观金相试验	EN 15614—2	2件	12件

表 3-3　试样编号

焊缝	起始编号	收尾编号
1	1－1、2－2	1－2、2－1
2	3－2、4－1	3－1、4－2
3	5－1、6－2	5－2、6－1

金相试验结果见表 3-4。

表 3-4　金相试验结果

焊缝	部位	起始端	收尾端
焊缝 1	正面	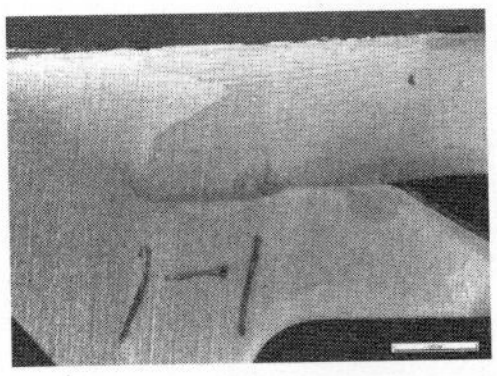	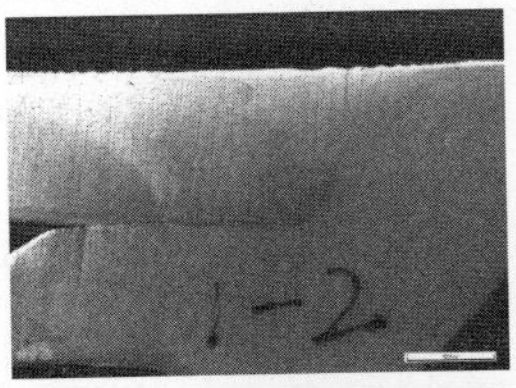
	反面	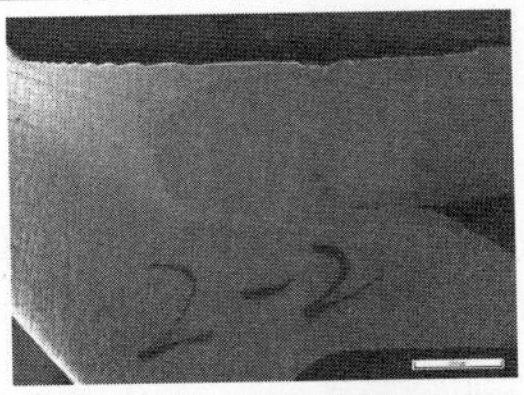	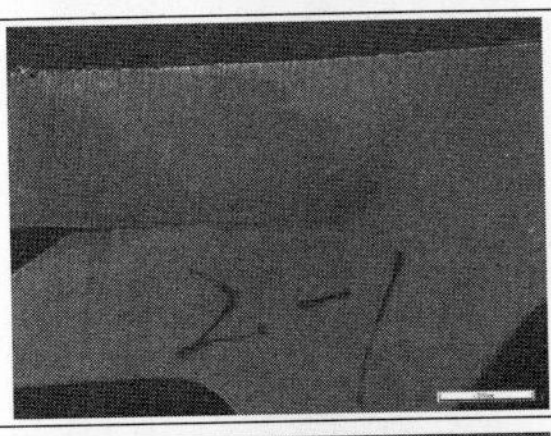
焊缝 2	正面	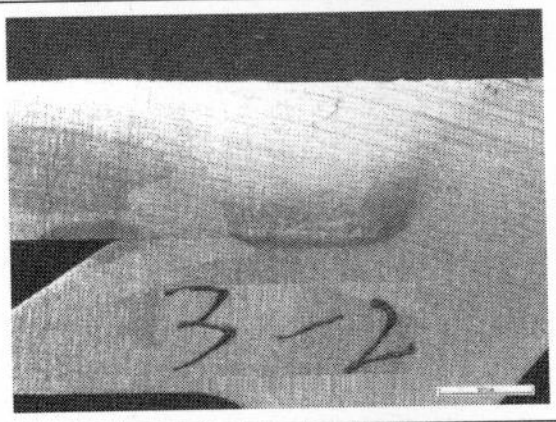	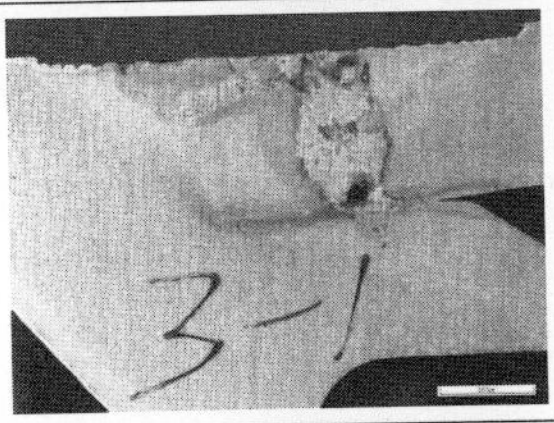
	反面	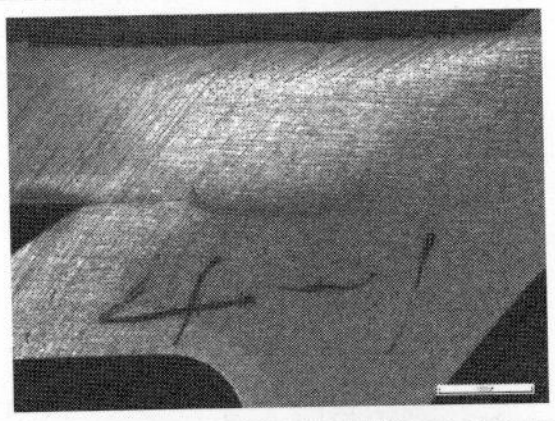	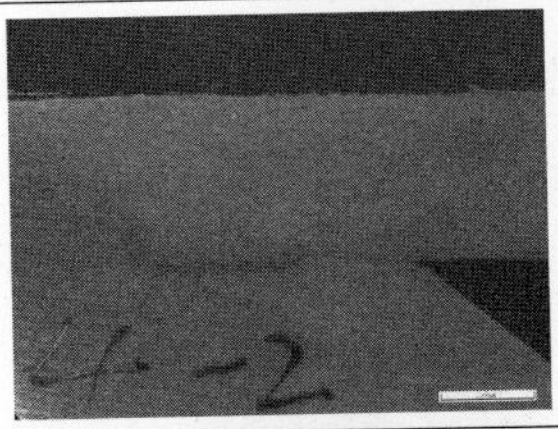
焊缝 3	正面	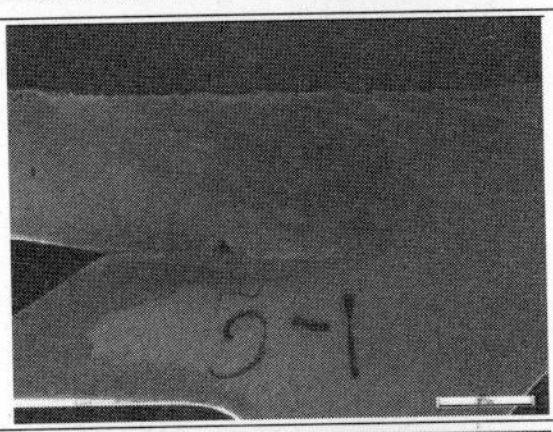	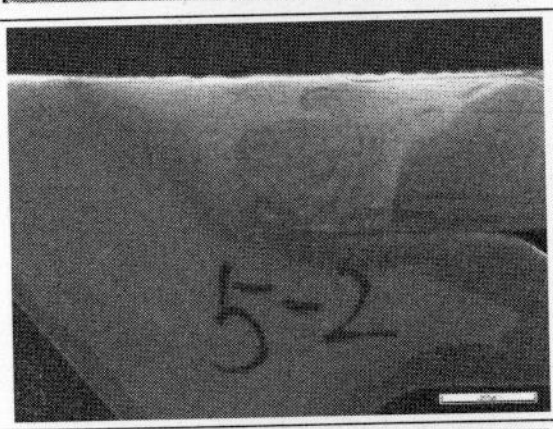
	反面	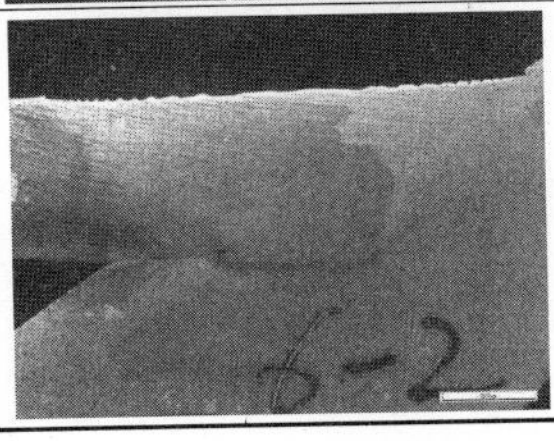	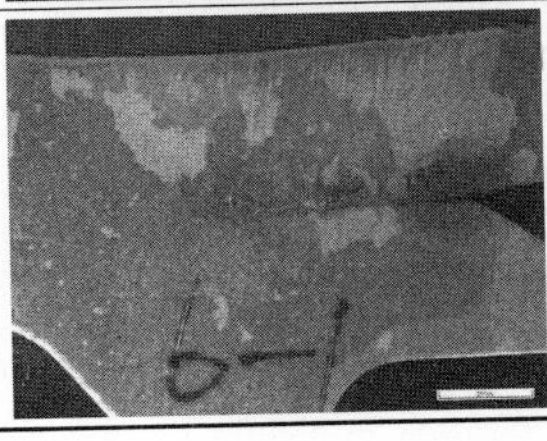

金相试验中，焊缝1试样全部合格，从焊缝1中取拉伸弯曲试件进行试验。试样数量及编号见表3-5、表3-6。

表3-5　试样数量

序号	验证项目	验证方法参考标准	标准要求数量	实际取样数量
1	拉伸试验	GB/T 2651—2008 焊接接头拉伸试验方法	2件	3件
2	弯曲试验	GB 2653—2008 焊接接头弯曲试验方法	2背2正	2背2正

表3-6　试样编号

焊缝	拉伸试验	弯曲试样
Y1	A1、A2、A3、A4	B1、B2、B3、B4
Y5	A12、A22、A32、A42	B12、B22、B32、B42

试验结果见表3-7。

表3-7　拉伸及弯曲试验结果

	序号	抗拉强度/MPa	正弯/（°）	背弯/（°）
拉伸试验	1	217	—	—
	2	223	—	—
	3	220	—	—
弯曲试验	1	—	180	—
	2	—	180	—
	3	—	—	180
	4	—	—	180

根据ISO 25239要求，试件抗拉强度应达到母材的60%，正弯、背弯达到180°。于是，确认该接头的焊接参数为转速1400r/min，焊接速度600mm/min。

本章知识点和技能点

1. 知识点

影响焊缝质量的因素。

焊接速度、搅拌头旋转速度对焊缝质量影响。

2. 技能点

确定搅拌摩擦焊的最佳焊接参数。

第4章　铝合金搅拌摩擦焊焊接接头组织与性能

本章重点

搅拌摩擦焊微观组织、力学性能、显微硬度、断口形貌。

铝合金搅拌摩擦焊焊接接头具有典型的微观组织形貌和力学性能特征，主要表现在焊接接头有明显的组织分区，各区域组织性能差异比较明显，且搅拌摩擦焊焊接接头比熔焊焊接接头具有更大的力学性能优势。

4.1　搅拌摩擦焊焊接接头组织

4.1.1　焊缝外观形貌

进行搅拌摩擦焊时，通过搅拌针和搅拌头轴肩与工件间的摩擦生热，在搅拌头轴肩及搅拌针附近形成塑性软化层，软化层在搅拌头旋转的作用下填充至搅拌针后方所形成的空腔内，并在轴肩及搅拌针的搅拌、挤压作用下实现材料的固相焊接。图4-1所示为5083铝合金和钛合金TA3搅拌摩擦焊焊缝外观形貌。

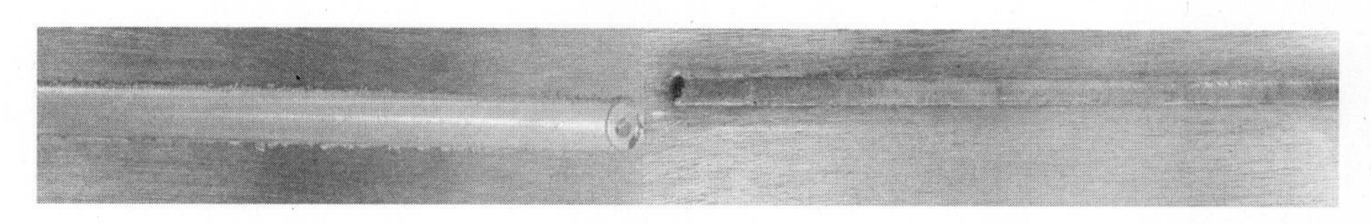

a) 5083铝合金搅拌摩擦焊焊缝试样正面　　b) 5083铝合金搅拌摩擦焊焊缝试样背面

c) TA3钛合金搅拌摩擦焊焊接试样正面

图4-1　搅拌摩擦焊焊缝外观形貌

由图4-1a和图4-1b可以看出搅拌摩擦焊焊缝正面和背面外观成形形貌均良好，这是因为在搅拌摩擦焊焊接过程中，材料处于黏塑性状态，其流动性和成形性比较好，在平滑轴肩肩台的作用下形成比较美观的外形。随着现代工业对材料的要求不断提高，搅拌摩擦焊的应

用不仅仅限于低熔点轻质合金（铝合金和镁合金），高熔点合金的搅拌摩擦焊技术日益成为研究的重点，其中钛合金的搅拌摩擦焊研究更为深入和广泛，图 4-1c 所示为搅拌摩擦焊焊接厚度为 5.6mm 的 TA3 纯钛板材，旋转速度为 1100r/min，焊接速度 $v=500$mm/min。

4.1.2 搅拌摩擦焊焊接接头宏观组织

采用合适的焊接参数，可以获得质量优良的搅拌摩擦焊焊缝。焊接后形成的焊接接头从组织上可以划分成 4 种不同的区域，焊核区、热机影响区、热影响区和轴肩影响区。图 4-2 所示为 2A14 铝合金搅拌摩擦焊焊接接头组织分布，图 4-3 所示为 2219 铝合金搅拌摩擦焊焊接接头组织分布。从图中可以看出，焊缝区上宽下窄，呈 V 状，并在焊缝中心形成一系列同心圆环状结构，很多文献将其称之为“洋葱环”。图 4-2 和图 4-3 所示为大体的组织分布，与实际情况并不完全相符。

图 4-2 2A14 铝合金搅拌摩擦焊焊接接头组织分布

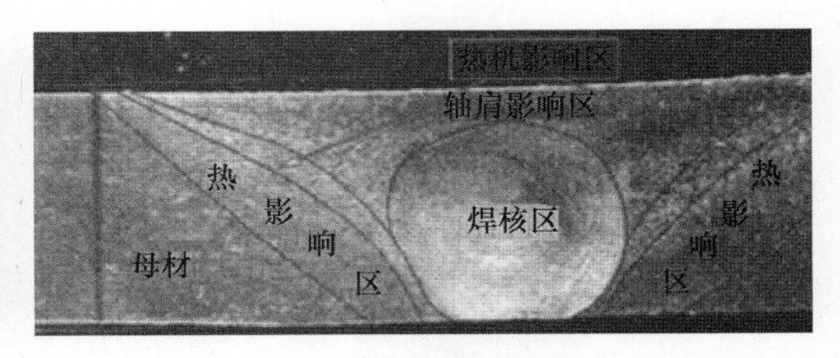

图 4-3 2219 铝合金搅拌摩擦焊焊接接头组织分布

有些学者将搅拌摩擦焊焊接接头组织分为 3 个区域，即热影响区、热机影响区和焊核区，将轴肩影响区归入了焊核区。另外还有学者将搅拌摩擦焊焊接接头组织仅分为热机影响区和热影响区两部分，把焊核区、轴肩影响区和热机影响区统一称为热机影响区。

铝合金搅拌摩擦焊焊接接头宏观形貌与被焊工件材料、搅拌头形状及焊接参数有关。一般情况下，接头形貌大体一致，经腐蚀后可以明显区分出焊缝组织和母材。图 4-4 ~ 图 4-7 所示为不同材料进行搅拌摩擦焊后焊接接头的横断面形貌。其中图 4-6 所示为 6013 – T4 铝合金和 X5CrNi18 – 10（对应我国牌号为 06Cr19Ni10）不锈钢之间搅拌摩擦焊焊接接头横断面形貌，两种不同材料的焊接显现出 7 种不同的区域：①不锈钢母材；②不锈钢前进侧的热影响区；③不锈钢前进侧的热机影响区；④焊核区；⑤铝合金后退侧的热机影响区；⑥铝合金后退侧的热影响区；⑦铝合金母材。

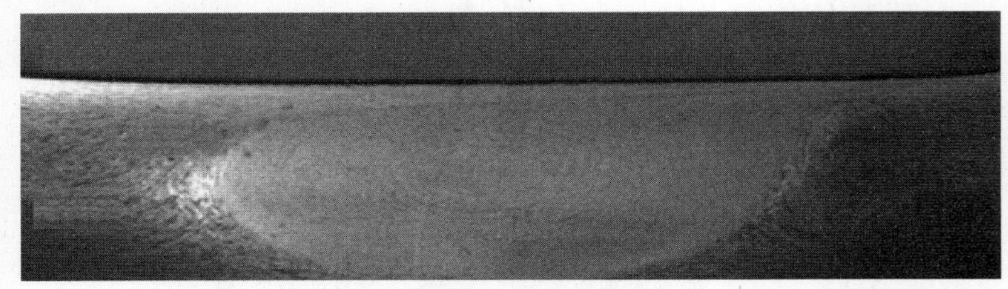

图 4-4 7075 – T651 合金搅拌摩擦焊焊接头横截面形貌

4.1.3 搅拌摩擦焊焊接接头微观组织

1. 母材微观组织

搅拌摩擦焊焊接接头各区域的微观组织和母材相比有较大的差异。一般常用的变形铝合金板材为轧制态，呈板条状分布。图 4-8 所示为几种常见铝合金板材基体金相照片，从图中可以看出，母材晶粒较粗大，有明显的拉长痕迹。

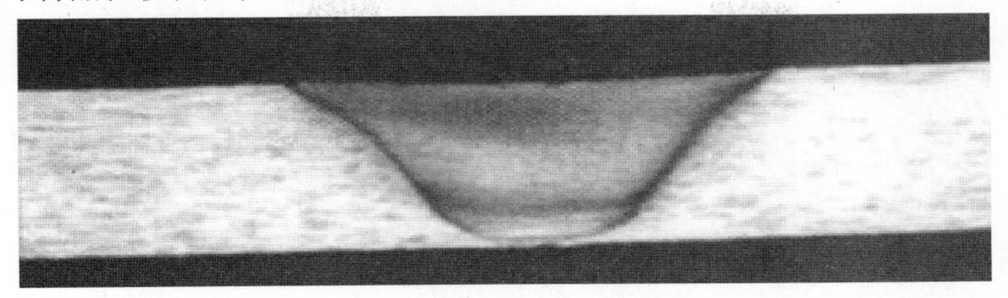

图 4-5　5mm 厚的 Ti－6Al－4V 合金搅拌摩擦焊焊接接头横截面形貌

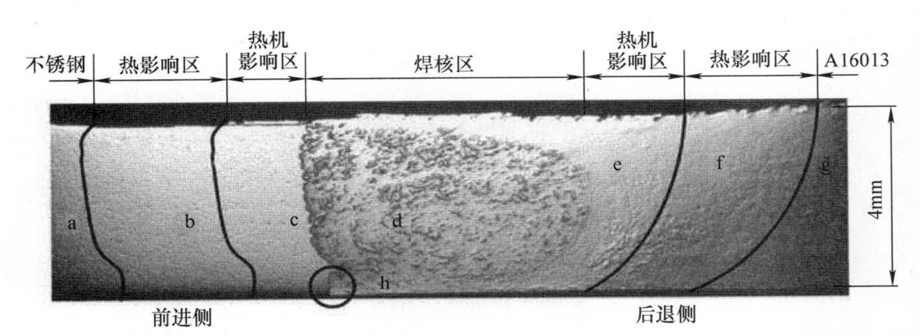

图 4-6　6013－T4 铝合金与 X5CrNi18－10 不锈钢搅拌摩擦焊焊接接头横截面形貌

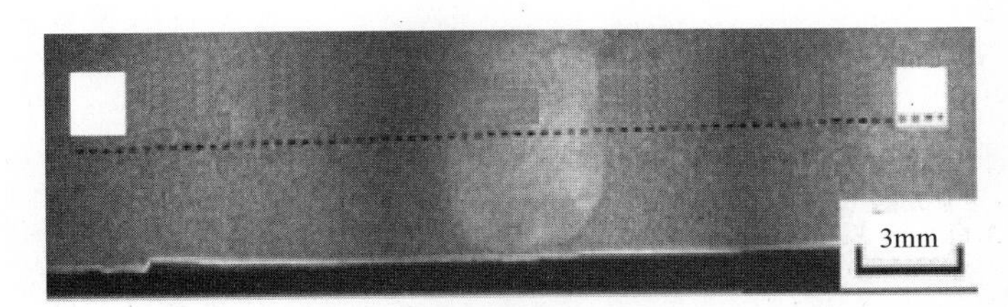

图 4-7　5052 铝合金与 AZ31 镁合金的搅拌摩擦焊焊接接头横截面形貌

2. 焊核区微观组织

焊核区位于焊接接头的中心，该区由于受到搅拌针强烈的搅拌作用，在经历较高温度的热循环过程后，晶粒发生了动态再结晶，母材原始的板条状组织转变为细小的等轴晶组织。搅拌摩擦焊过程中，搅拌针不仅旋转产热，使母材达到塑性状态，而且沿焊接方向有一个相对运动，塑性材料在搅拌针的机械搅拌作用下发生塑性流动，但其流动的速度和方向随时间和位置的变化而不断改变，塑性材料之间存在速度梯度，因此搅拌针周围的塑性材料不是静态地达到塑性变形，而是一个动态随机变化的过程。

图 4-9 所示为不同铝合金搅拌摩擦焊焊接接头焊核区的微观组织。从图中可以看出，焊核区晶粒非常细小，均是由等轴晶构成，组织均匀，没有明显的方向性。超高强度 Al－Zn－Mg－Cu 系铝合金，是广泛用于航空航天领域的结构材料，但焊接性很差，很难用熔焊等方法焊接，由于搅拌摩擦焊的诸多优点，所以研究超强铝合金的搅拌摩擦焊具有很大的意义。图 4-9b 所示为超强度 7A55 铝合金搅拌摩擦焊焊接接头焊核区微观组织，其形成细小等轴晶的原因是：在搅拌摩擦焊过程中，搅拌针与工件及轴肩与工件之间产生大量的热量，使周围金属塑化，并充分流动，焊缝温度上升到再结晶要求的温度。此时，位错在搅拌力作用下

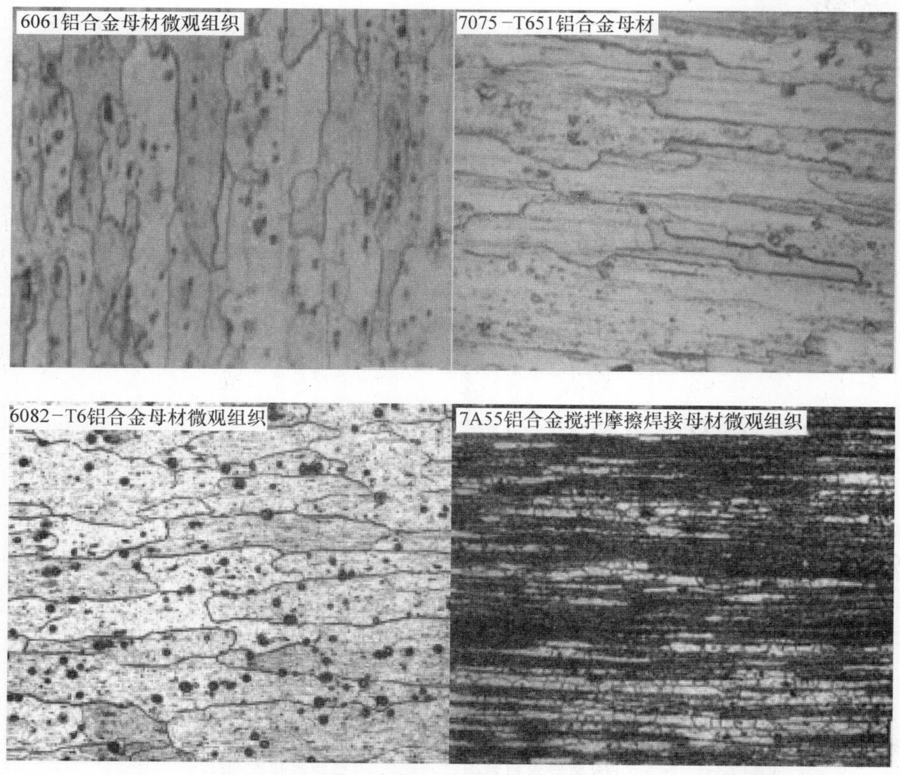

图4-8　常见几种铝合金板材基体金相

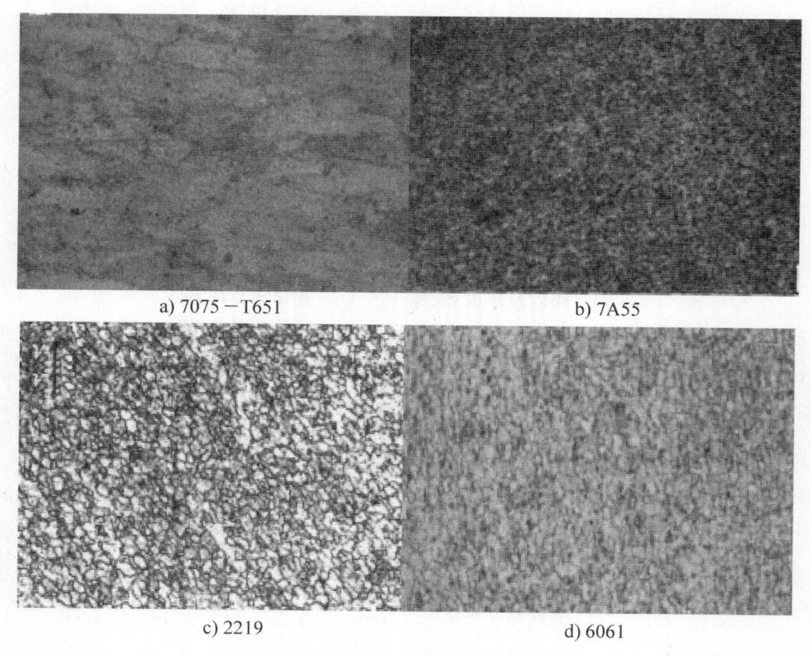

图4-9　不同铝合金焊核区微观组织

密度不断增加，当储存能增加到一定程度足够发生再结晶时，金属内便开始不断形成晶核。

这种结晶过程是塑性材料在焊接热循环的作用下发生的动态再结晶过程，形成的晶粒来不及长大就会在搅拌针的作用下被打碎，形成等轴、细小的晶粒。由于焊核区受到搅拌针搅拌作用最强烈，因此该区域的晶粒均非常细小，远远小于母材晶粒的尺寸。形成的这些细小晶粒对于提高焊接接头强度有很大的作用。焊核区晶粒的尺寸和数量取决于焊接接头的热量和搅拌力，即搅拌头的旋转速度和焊接速度。

3. 轴肩影响区微观组织

轴肩影响区是在焊接过程中受轴肩影响严重的区域，位于焊核区上部，其组织也是由细小的等轴晶组成的。搅拌摩擦焊接过程中，轴肩与母材摩擦产生大量的热，使轴肩挤压区的材料达到塑性状态。轴肩进行的是圆周运动，轴肩挤压区内不同位置上塑性材料运动的速度是不同的，存在速度梯度，这部分塑性材料变形过程也是动态随机变化的过程。虽然轴肩挤压区材料一般距离搅拌针较远，受搅拌针搅拌作用较弱，但由于靠近焊缝上表面，散热条件非常好，散热很快。因此，该区域塑性变形材料发生动态再结晶后，晶粒来不及长大就形成了等轴、细小的晶粒。

4. 热机影响区微观组织

图 4-10 所示为不同材料铝合金搅拌摩擦焊接接头热机影响区的微观组织。由图可以看出，热机影响区组织被拉长，这是由于输入能量适当时，热机影响区内金属塑性较好，易于流动、成形，所以搅拌头在高速旋转时易出现被拉长或扭曲的组织。

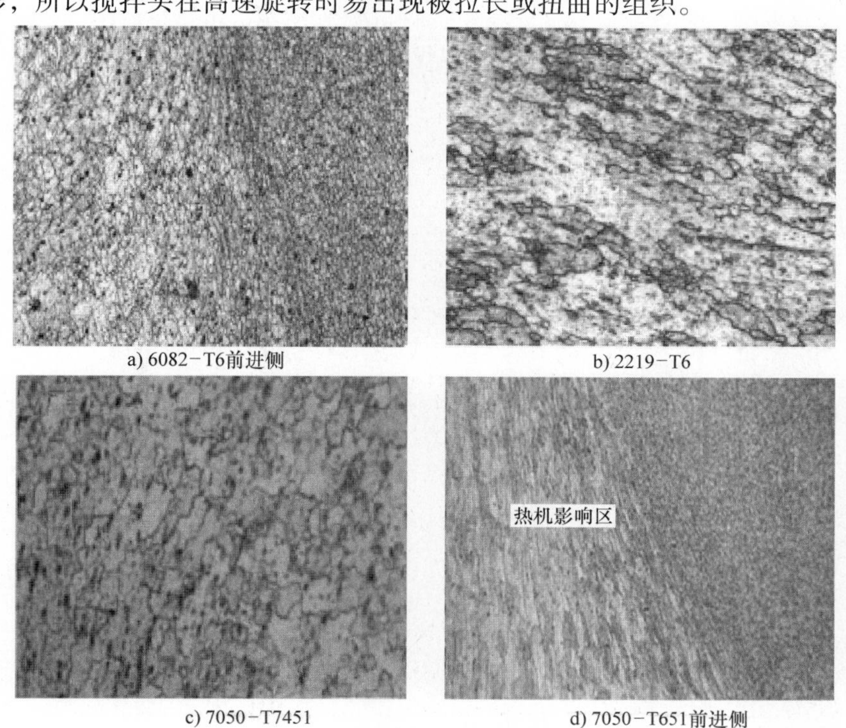

a) 6082−T6前进侧　　b) 2219−T6

c) 7050−T7451　　d) 7050−T651前进侧

图 4-10　不同铝合金热机影响区微观组织

搅拌摩擦焊焊接接头另外一个明显特征是前进侧组织和后退侧组织在金相显微镜下呈现不同的形貌。图 4-11 所示为 5083 铝合金搅拌摩擦焊焊接接头的前进侧和后退侧的微观形貌。从图中可以看出，热影响区和焊缝区的分界线在前进侧和后退侧是不同的，前进侧分界明显。出现这种现象与焊接过程中两侧金属的塑性流动状态的差异有关。由于焊核区的金属在搅拌头作用下发生了强烈的塑性变形，晶粒发生回复和再结晶，而在搅拌头外围靠近搅拌头附近的塑性体，变形程度及流动性都远远小于焊核区塑性金属并且在前进侧其外围塑性体之间的速度梯度比较大，再加上塑性金属的流动不够充分，造成前进侧热影响区与焊缝之间形成了明显的分界线。由于焊核区与热机影响区组织不同，中间又缺乏平滑过渡，所以该区域是力学性能的薄弱区域。

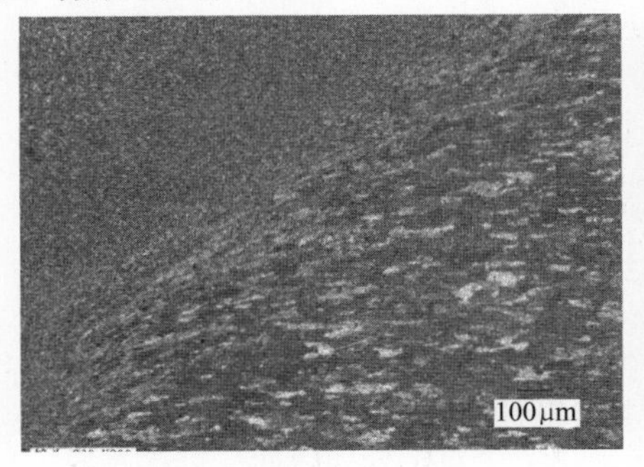

a) 前进侧热机影响区

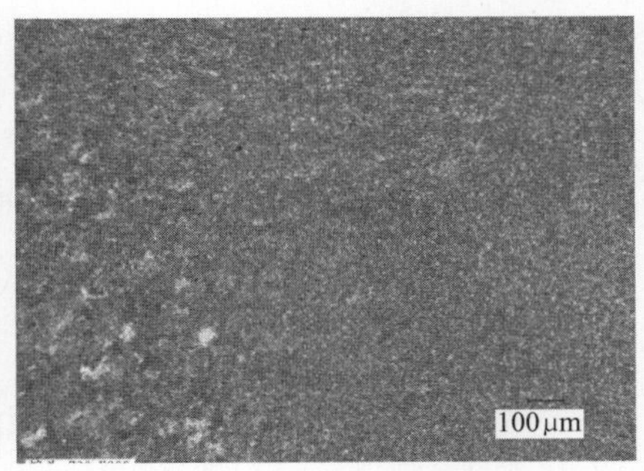

b) 后退侧热机影响区微观形貌

图 4-11　5083 铝合金搅拌摩擦焊焊接接头热机影响区的微观形貌

5. 热影响区微观组织

热影响区组织在焊接过程中仅仅受到热循环作用，不发生变形，经受的焊接热作用也比焊核区弱，仅仅发生回复反应。相对于母材，该区组织稍微有粗化现象。

图 4-12 所示为不同铝合金材料搅拌摩擦焊焊接热影响区微观组织。由图可以看出晶粒

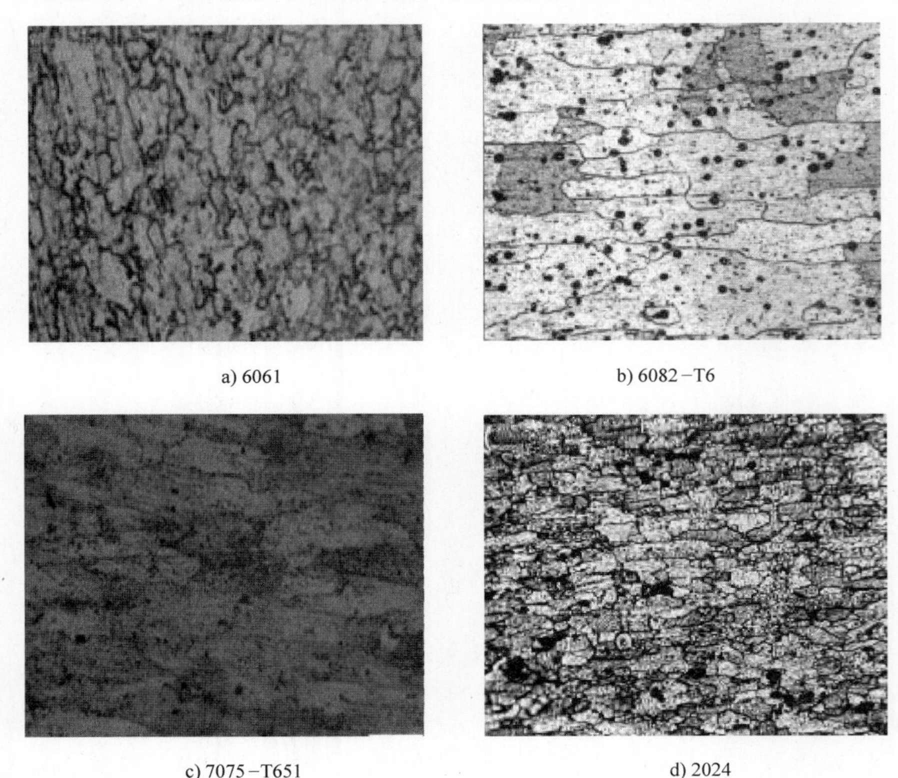
a) 6061　b) 6082－T6　c) 7075－T651　d) 2024

图 4-12　不同铝合金材料搅拌摩擦焊焊接热影响区微观组织

为典型受热长大的组织。此处主要是受热影响，受力很小或完全不受力，所以畸变能很低，并且此处不会发生动态再结晶，在焊缝缓慢冷却的过程中组织仍会沿变形方向长大，而其亚晶粒仍保持等轴状，形成大小不一的组织。

4.2　铝合金搅拌摩擦焊焊接接头力学性能

4.2.1　铝合金搅拌摩擦焊焊接接头性能优势

搅拌摩擦焊属于固相焊接，在焊接过程中金属母材不熔化，相比熔焊减少了气孔、裂纹等缺陷的发生率。另外，由于焊接温度低，在搅拌头的搅拌作用下可以获得的接头力学性能普遍明显优于常规熔焊接头。图 4-13 所示为 2219 铝合金采用不同的焊接方法后接头的抗拉强度，由图可以看出，搅拌摩擦焊焊接接头的抗拉强度达到了 350MPa，仅次于电子束焊焊接接头。单纯从接头性能来说，电子束焊焊接接头抗拉强度最大，且伸长率也不低，是实际产品焊接生产的可选方案之一。但电子束焊受到焊接条件苛刻、实施过程复杂等的影响，用于实际生产很困难，而搅拌摩擦焊接方法却没有上述问题，且其焊接接头的抗拉强度及伸长率远远高于其他熔焊方法所获得的接头的性能，因此仅从接头质量角度考虑，搅拌摩擦焊接方法应为铝合金产品焊接首选焊接方法。

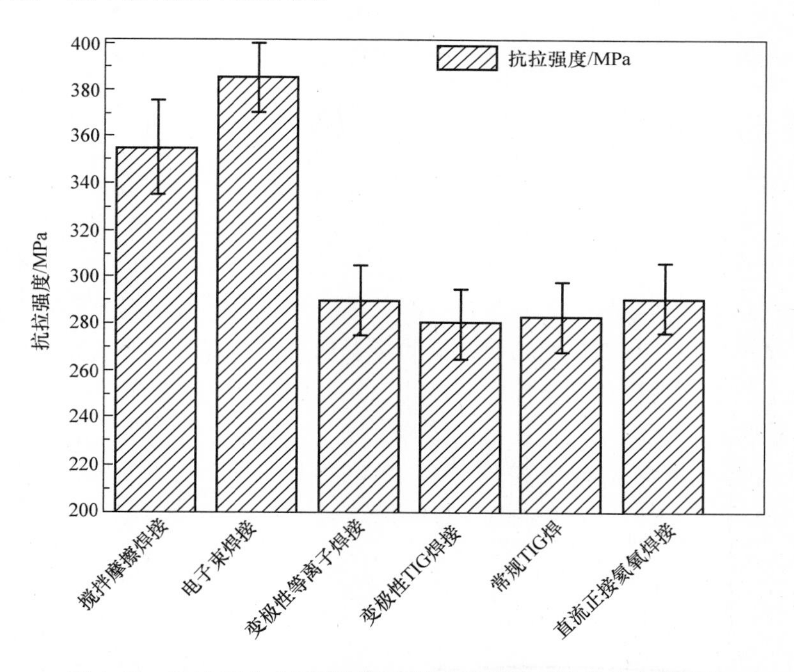

图 4-13　2219 铝合金采用不同焊接方法焊接后接头的力学性能

表 4-1 为 6061 铝合金采用不同焊接方法后接头的力学性能，由表可知搅拌摩擦焊焊接接头抗拉强度最高，为母材强度的 81%，高于 MIG 焊及 TIG 焊焊接接头强度。

表 4-1　6061 铝合金采用不同焊接方法后接头的力学性能

焊接方法	接头力学性能		
	σ_b/MPa	δ(%)	断裂位置
母材	≥294	≥8	—
TIG 焊焊接接头	188	5.2	融合线处
MIG 焊焊接接头	223	7.1	融合线处
FSW 焊焊接接头	237	6.9	焊缝中心

另外，从焊接能耗考虑，搅拌摩擦焊与熔焊相比也具有显著的优势，即焊接速度快、能耗少。表 4-2 所示为 6mm 厚的 6082 – T6 铝合金搅拌摩擦焊与 MIG 焊接和 CO_2 激光焊时所需的能量消耗。从表中可以看出，搅拌摩擦焊的焊接能量最少，总能耗最低，但是得到的热输入仅仅低于 MIG 焊接。由此也可以看出搅拌摩擦焊的优势显著。

表 4-2　不同焊接方法所需的能量消耗

焊接方法	焊接速度/(mm/min)	焊接能量/kW	总能耗/kW	热输入/(kJ/mm)
搅拌摩擦焊	500	2	2.5	0.24
MIG 焊	300	7.5	8.6	1.5
CO_2 激光焊	1500	10	112	0.12
CO_2 激光焊	600	5	55	0.18

4.2.2　搅拌摩擦焊焊接接头力学性能

焊态下，搅拌摩擦焊接接头焊核区组织的强度要高于热影响区组织的强度。对于退火状态的铝合金，拉伸试验时组织的破坏通常发生在远离焊缝和热影响区的母材上；对于形变强化和热处理强化的铝合金，搅拌摩擦焊后的热影响区及焊核区交界处组织的强度和硬度较低。可以通过控制焊接热循环，尤其是通过降低焊缝热机影响区的退火和过热时效来改善焊缝的性能。对于采用热处理强化铝合金，焊后热处理是提高焊接接头性能的最佳选择。

表 4-3 所示为不同焊接速度条件下的 2A14 铝合金搅拌摩擦焊焊接接头的力学性能。从表中可以看出随焊接速度的增大，接头抗拉强度增大。表中的 σ_p 和 δ_p 指母材的抗拉强度和伸长率，其中 σ_b 和 δ_b 指焊接接头的抗拉强度和伸长率。

表 4-3　2A14 铝合金搅拌摩擦焊焊接接头的力学性能

焊接速度/(mm/min)	σ_b/MPa	σ_b/σ_p（%）	δ_b（%）	δ/δ_p
95	340	83	6.667	83
118	344	84	5.02	63
150	350	85	5.78	72
190	357	87	4.67	58

表 4-4 为不同铝合金搅拌摩擦焊焊接接头的力学性能。表中的数据表明，5083 – O 铝合金进行搅拌摩擦焊后其接头抗拉强度可以达到与母材相同的程度；对于固溶处理加人工时效的 6082 铝合金，其搅拌摩擦焊焊接接头的抗拉强度经焊后热处理也可以达到与母材相同的

程度，但伸长率有所降低；7108 铝合金焊后室温下自然时效，其抗拉强度可以达到母材强度的 95%。

表 4-4　不同铝合金搅拌摩擦焊焊接接头的力学性能

铝合金材料	类别	屈服强度/MPa	抗拉强度/MPa	强度系数（%）
5083 – O	母材	148	298	100
	焊缝	142	298	
6082 – T6	母材	286	301	83 100
	焊缝	160	254	
	焊缝 + 时效	274	300	
7108 – T79	母材	295	370	86 95
	焊缝	210	320	
	焊缝 + 时效	245	350	

大量试验结果表明，搅拌摩擦焊焊接接头的疲劳性能大都超过相应熔焊接头的设计推荐值。疲劳试验数据显示，大多数情况下，搅拌摩擦焊焊缝的疲劳性能要高于熔焊接头。图 4-14 所示为 5083 – O 铝合金搅拌摩擦焊和 MIG 焊焊接接头疲劳强度，其中循环次数为对数坐标。采用6mm 厚的 5083 – O 铝合金焊件进行疲劳试验，当使用应力比 $R=0.1$ 进行疲劳试验时，5083 – O 铝合金搅拌摩擦焊焊接试件的疲劳性能低于母材，但高于 MIG 焊的焊接试件。

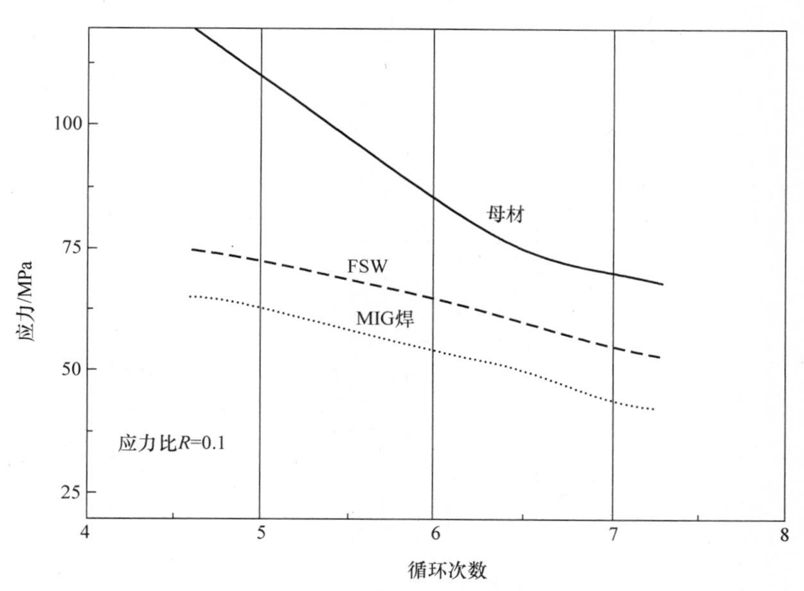

图 4-14　5083 – O 铝合金不同焊接接头的疲劳强度

同一化学成分、不同厚度的板材进行搅拌摩擦焊时，接头性能会有一定的变化。表 4-5 所示为不同厚度 2219 铝合金板材搅拌摩擦焊焊接接头的抗拉强度和伸长率。从表中可以看出，采用优化搅拌头和焊接参数焊接的不同厚度的 2219 铝合金接头的力学性能基本上保持在一个较高的数值，接头的质量和力学性能稳定性都较高。

表 4-5　不同厚度 2219 铝合金板材搅拌摩擦焊焊接接头的力学性能

厚度/mm	抗拉强度/MPa	伸长率（%）
3	340	5
4	345	5.5
5.5	350	6
6	350	6
8	335	4.5

4.2.3　搅拌摩擦焊焊接接头力学性能的各层异性现象

由于搅拌摩擦焊焊接过程自身的特点，焊缝上部主要受轴肩和搅拌针的双重作用，而焊缝下部主要受搅拌针的作用，于是焊缝在整个厚度方向上的组织结构和性能是不同的，表现为焊缝力学性能呈现各层异性。将焊缝沿厚度方向分别标记为上部、中部和底部 3 部分，分别对这 3 部分试样进行抗拉强度的测试。图 4-15 所示为 8mm 厚的 2A14 铝合金搅拌摩擦焊焊接接头不同部位的抗拉强度。由图可以看出，搅拌摩擦焊焊接接头表现出明显的各层异性，接头不同部位的力学性能明显不同。接头上部抗拉强度最高，达到 380MPa，已经超过了接头整体强度（360MPa），中部抗拉强度最低，远小于接头整体抗拉强度。上部和中部抗拉强度的差异可以达到 50MPa 以上。

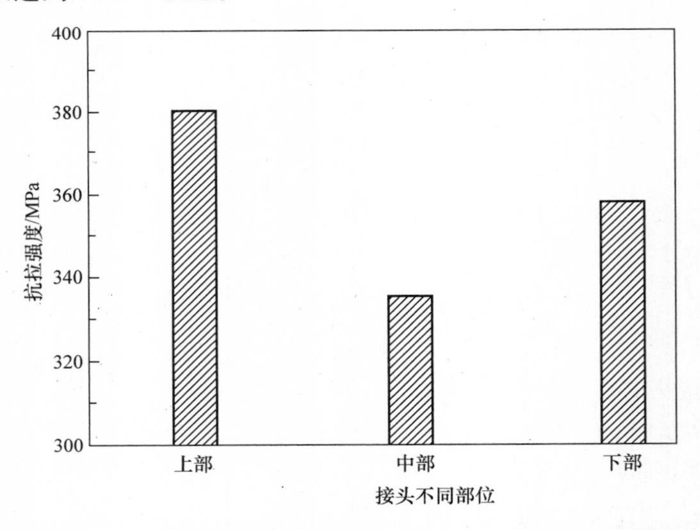

图 4-15　2A14 铝合金搅拌摩擦焊焊接接头不同部位的抗拉强度

4.3　接头显微硬度

4.3.1　典型铝合金搅拌摩擦焊焊接接头显微硬度

由于搅拌摩擦焊焊接接头的各部分金属材料所经历的热过程以及变形量和变形速度的不同，各部分的硬度也不同。接头横截面上沿宽度方向，硬度分布呈“W”形分布。图 4-16

所示为 5A02 铝合金搅拌摩擦焊焊接接头显微硬度分布。从图中可以看出，焊核区、热机影响区、热影响区和母材各区域的硬度呈现不同的分布特征。焊核区微观硬度最高，热影响区微观硬度相对较低。两种不同区域交界处，容易出现硬度突变，焊核区组织经历了焊接过程较高温度的焊接热循环，并在搅拌针作用下发生了剧烈的塑性变形，所以该区域组织为晶粒非常细小的再结晶晶粒，这可以提高焊接接头的强度和韧性，微观硬度保持在一个相当高的水平。热影响区只受到热循环的作用而没有发生塑性变形，晶粒出现长大，因此硬度相对较低。热机影响区既受到热作用也受到力作用，发生了部分动态再结晶，因此硬度介于两者之间。

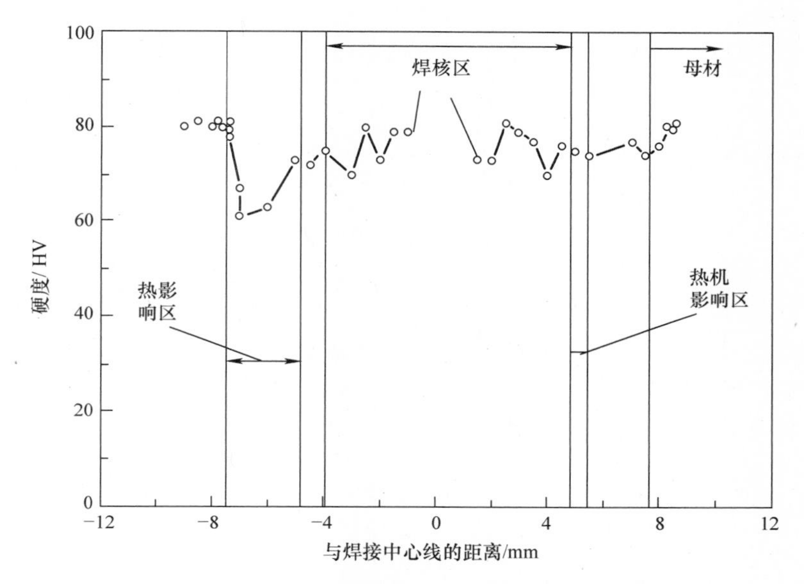

图 4-16　5A02 铝合金搅拌摩擦焊焊接接头显微硬度分布

4.3.2　焊接参数对接头显微硬度的影响

焊接参数直接关系到焊接热输入，影响接头显微组织的形成和分布，因此采用不同的参数所形成的焊接接头的显微硬度也不同。

图 4-17 所示为 10mm 厚的 5A06 铝合金厚板搅拌摩擦焊焊接接头显微硬度分布图，搅拌头旋转速度为 200r/min，焊接速度 v 分别为 100mm/min 和 200mm/min。从图中可以看出，搅拌摩擦焊焊接接头显微硬度从焊缝中央到两边逐渐降低，在焊核区硬度最高，但是由于焊接速度的不同，焊核区的硬度也不同。

4.3.3　搅拌摩擦焊焊接接头显微硬度的各层异性

搅拌摩擦焊接过程中由于搅拌头形状的影响，接头沿厚度方向上的力学性能是不同的，表现出各层异性。而接头显微硬度分布从一个侧面也反映了接头拉伸性能的情况，其硬度分布也呈现各层异性。

图 4-18 所示为 1050 – H24 加工硬化铝合金采用不同焊接参数获得的接头显微硬度分布。图中整体显微硬度的大小没有超过母材硬度。对于焊核区来说，在焊接热影响的作用

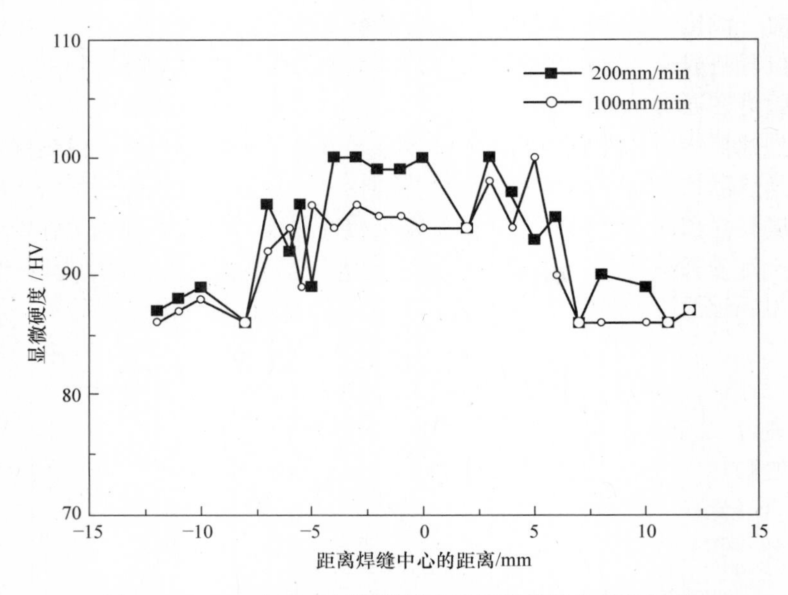

图 4-17　5A06 铝合金厚板搅拌摩擦焊焊接接头显微硬度

下，焊核区的组织经历了剧烈的热力影响作用，导致了焊核区的显微硬度有所下降。但相对于熔焊技术而言，搅拌摩擦焊焊核区显微硬度的下降并不大，这是因为搅拌摩擦焊是一种固相连接方法，焊接时的温度不是很高，没有达到母材的熔化温度，且焊核区晶粒细小，位错密度高，显微硬度相对较高。

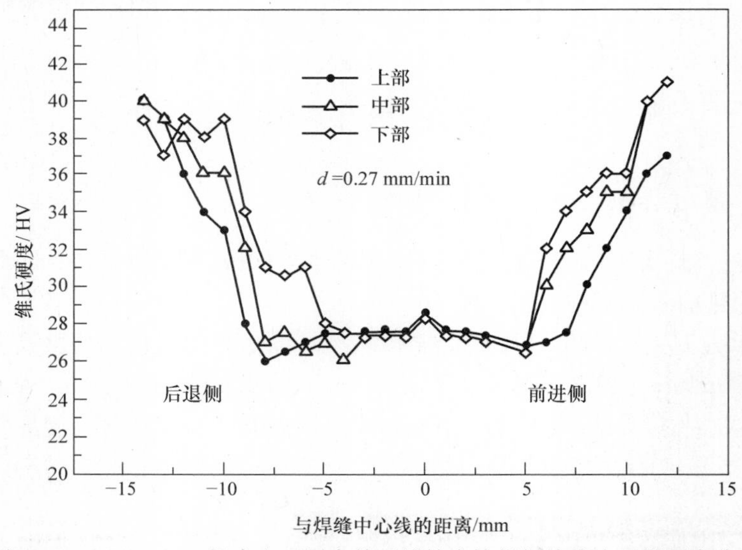

图 4-18　1050 - H24 铝合金不同参数下搅拌摩擦焊焊接接头显微硬度分布

4.4　接头断口分析

对搅拌摩擦焊接拉伸试件断口进行分析，可以获得接头强度和韧性等多种信息，了解接头断裂形式，对于优化焊接参数、提高接头性能有重要的意义。

接头断裂位置一般位于热机影响区与焊核区的交界处，或位于热机影响区与热影响区的交界处。这是因为在通常情况下，对于焊核区的组织来说，晶粒比较细小，在焊接过程中受到搅拌针的强烈搅拌作用，焊后形成了等轴细密的晶粒，焊接过程中析出的强化相等颗粒在搅拌针的作用下重新被打碎，焊接后均匀地分布在焊核区。整个焊核区的组织性能比较均匀，且抗拉强度相对较高。搅拌摩擦焊本身的特点就在于热机影响区与热影响区、焊核区之间的组织存在一定的突变性，尤其是当焊接参数选择不当时，这种组织的差异更明显。当这两部分的金相组织过渡不平滑时，容易产生应力集中，成为力学性能的薄弱区域，断裂一般先发生在这个区域。另一方面，在热机影响区附近，由于组织经历了热循环作用，也会发生沉淀相析出，但是这部分区域受到的搅拌针搅拌作用非常小，不足以将共晶相完全打碎而均匀分布，这就造成了沉淀相的偏析聚集。因此，在这两方面的综合作用下，质量较好的焊缝通常会沿着焊缝的热机影响区断裂。在焊接过程中采用的搅拌针是一个圆锥体，与轴肩接触的搅拌针底部直径比较大，搅拌针端部直径比较小，从搅拌摩擦焊焊接接头横截面金相照片也可以看出，整个焊缝区域上宽下窄，呈 V 字形分布，因此接头薄弱区也是呈 V 字形分布的。在拉伸过程中，一般会呈现 45°开裂。

在搅拌摩擦焊过程中，如果焊接参数选择不当，也会产生一些焊接缺陷，如未焊透情况。图 4-19 所示为未焊透情况下断口形貌，仅仅有部分质点（或者是小面积对接面的材料）在热和力的作用下发生了扩散和连接，大部分材料仍然保持原有的光滑对接面状态。但对于那些已连接的部位来说，断口断裂仍然是属于塑性断裂形式，以韧窝为主。

图 4-19　未焊透情况下的断口形貌

搅拌摩擦焊过程中容易出现的另外一种缺陷就是孔洞，如果孔洞继续发展和扩大，就会形成表面沟槽缺陷。孔洞的形成与焊接过程中的热输入及塑性材料的流动密切相关。图 4-20 所示为带有典型孔洞的接头拉

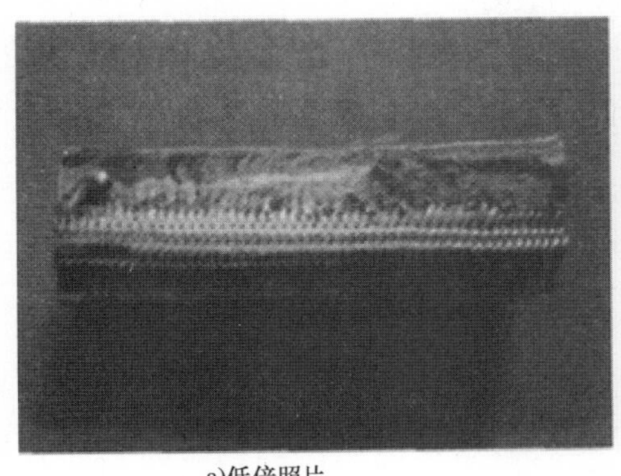

a)低倍照片

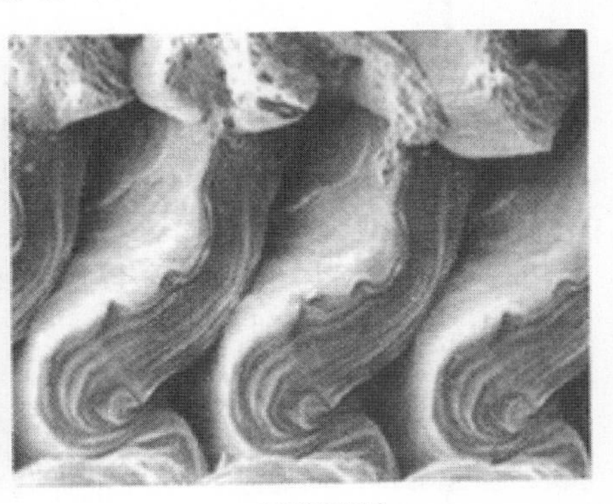

b)高倍照片

图 4-20　带有典型孔洞的接头拉伸断口形貌

伸断口的照片。从图中可以看出，孔洞周围的材料分布具有明显的规律性。相邻两个“螺旋体”之间的距离恰好等于搅拌头焊接速度与旋转速度的比值，即步进长度。另外从图中还可以看出，“螺旋体”具有非常稳定的重复再现性，这从另一方面说明搅拌摩擦焊形成的焊接接头一致性非常好，因此若在合理焊接参数下将形成致密焊缝，接头质量一致性也会很好，这对于保证搅拌摩擦焊焊接接头质量的稳定性具有重要意义。

从孔洞缺陷的照片中，可以了解到搅拌摩擦焊接过程中有关材料流动的一些信息，材料在垂直方向上的流动比较明显，而且是分阶段的，即不同的部位上材料的流动形式不同。“螺旋体”上部的材料流动比较充分，实现了比较稳定的连接，断口形式为较典型的韧性断裂；“螺旋体”下部也有部分材料实现了连接，但不完全，原因是这部分材料主要受到热传导的作用而经历热循环，而受到的搅拌针作用相对较弱（搅拌针下部螺纹不明显），因此材料连接不完全；“螺旋体”位置处的材料流动不够充分，形成了孔洞缺陷，其形成的原因主要有以下几个方面：

1）热输入不足，致使焊缝金属不能达到热塑性状态，材料流动性能比较差，在焊接过程中不能形成一个完整的材料补充循环。

2）下压力不够。如果压入量不足，一方面将会影响到材料的产热，另一方面也会影响到材料填充、补充空腔。因为在焊接过程中，搅拌头的移动将使其后部形成一个空腔，如果这个瞬时形成的空腔没有材料及时填充满，将造成材料与材料之间形成一个明显的孔洞。

3）搅拌程度不够。当焊接速度过快时，单位时间、单位体积被焊材料所经受的搅拌作用明显减弱，搅拌头将逐渐失去搅拌的作用，相当于一个楔块通过两板之间的对接面，这个过程有点类似于焊接切割过程。

总之，“螺旋体”的形成及材料的流动方式与搅拌头的形状及焊接参数密切相关，不同的搅拌头形状和焊接参数，会在接头不同部位形成“螺旋体”。

4.5 案例分析

4.5.1 5083 铝合金搅拌摩擦焊接头微观组织

图 4-21 所示为 5083 铝合金搅拌摩擦焊焊接接头各区域显微组织。5083 铝合金母材的显微组织是典型的轧制经淬火加人工时效的组织，晶粒为呈明显方向性的板条状，这是由轧制过程中的变形引起的（见图 4-21a）。焊核区位于接头的中间部位，该区受到搅拌头强烈的机械搅拌作用和剧烈摩擦产生的局部高温作用，组织发生动态再结晶，由母材原始的带状组织转变为细小的等轴晶组织（见图 4-21b）。与接头中的另外区域相比较，热机影响区组织有明显的变化，在剧烈变化的黏附力和焊接热循环综合作用下，形成了从黏附长大的破碎组织到弯曲变形的带状组织的变化梯度，其中还混合有再结晶晶粒和回复晶粒（见图 4-21c）。热影响区的晶粒为典型受热长大组织（见图 4-21d）。此处主要受热影响，受力很小或完全不受力，畸变能很低。

4.5.2 断口形貌

接头断口形貌如图 4-22 所示，试件断裂于前进侧热影响区处。从整体形貌来看（见图 4-22a），断口表面光滑平整，局部区域有少量的纤维状特征。从断口可以看出，断口

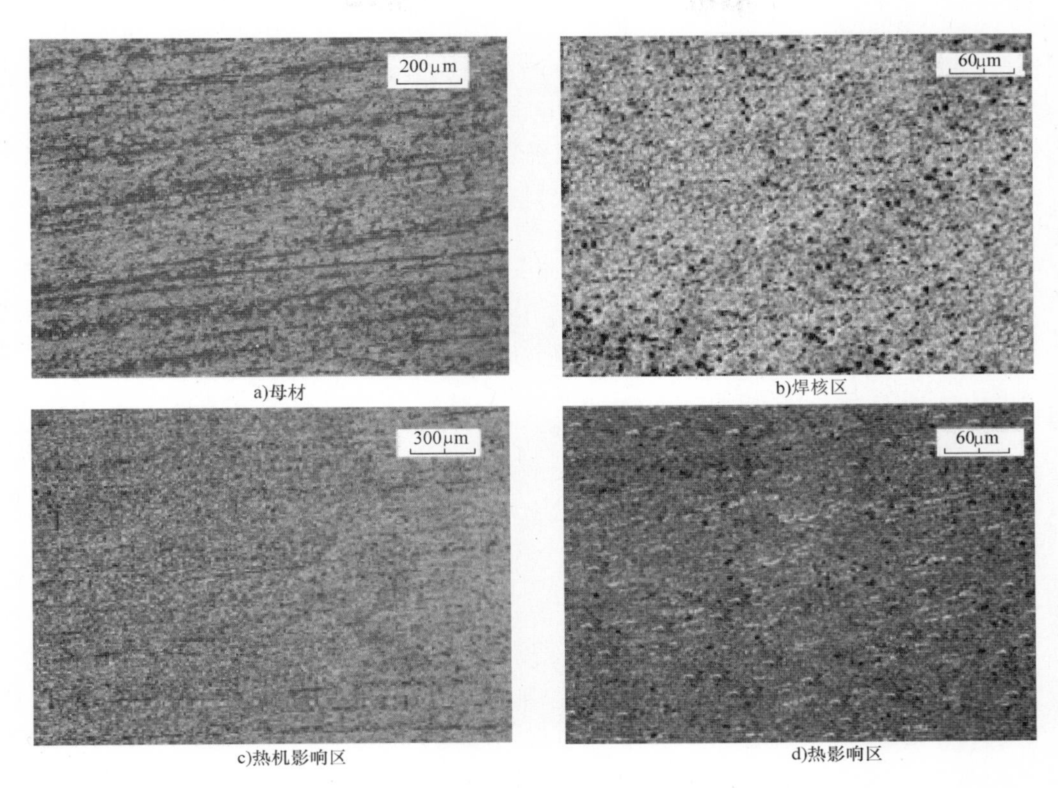

a)母材　b)焊核区　c)热机影响区　d)热影响区

图 4-21　5083 铝合金 FSW 接头微观组织

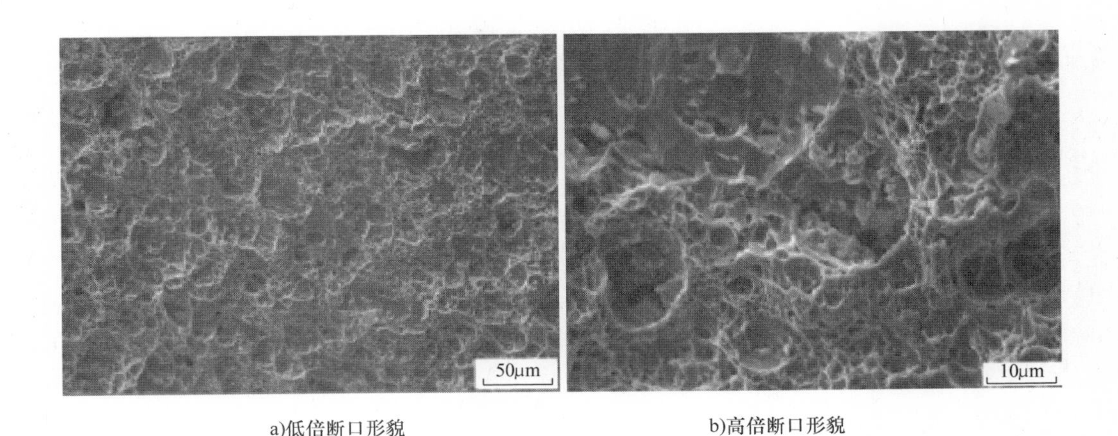

a)低倍断口形貌　b)高倍断口形貌

图 4-22　接头断口形貌

上大面积存在较大较深的等轴状韧窝和撕裂棱，显示出接头具有较好的塑性，为塑性断裂。在断口上还可见到细小的第二相粒子剥离后留下的非常细小的光滑韧窝，在晶界上出现微裂纹。在大韧窝中还存在粗大的第二相粒子断裂后留下的断面，为穿晶断裂。

本章知识点和技能点

1. 知识点

了解常见铝合金以及钛合金搅拌摩擦焊焊接接头的微观组织。了解铝合金搅拌摩擦焊焊接接头显微硬度、强度等力学性能。

2. 技能点

掌握搅拌摩擦焊焊接接头区域的划分及其与温度的关系。

第5章　搅拌摩擦焊缺陷

本章重点

掌握搅拌摩擦焊焊接过程中产生的缺陷类型及防治措施。

搅拌摩擦焊是一种新型的固相焊接技术，对于铝合金、镁合金等轻质低熔点金属具有明显的优势，可获得成形质量良好的焊缝和力学性能优良的接头，一般不易产生缺陷。由于搅拌摩擦焊过程是一个非常复杂的过程，受焊前装配状态、焊接工艺规范、焊接装备等多种因素的影响，在某些情况下也会产生焊接缺陷。为确保搅拌摩擦焊技术在实际工程中得到更好的应用，必须对其产生的缺陷有深入的认识，并配备相应的缺陷检测方法，同时在此基础上提出搅拌摩擦焊焊接缺陷的补焊措施。因此，通过对搅拌摩擦焊焊接缺陷进行深入的了解，总结其特征，分析其产生原因，提出对应的预防措施，将具有重要的理论研究意义和实际应用价值。

根据搅拌摩擦焊过程中缺陷产生的位置和形貌的不同，主要可以分为表面缺陷和内部缺陷两大类。表面缺陷一般为肉眼就可以看到的宏观缺陷，包括飞边、匙孔、表面下凹、毛刺、起皮、背部粘连及表面犁沟等；内部缺陷需要通过X射线检查、金相检查或相控阵超声波检测等手段才能观察到，包括未焊透、弱结合、孔洞型缺陷和结合面氧化物残留缺陷等。

5.1　表面缺陷

5.1.1　飞边

1. 飞边的定义及特征

搅拌摩擦焊接后残留在接头正面沿焊缝一侧或两侧翻卷的金属称为飞边，如图5-1所示。搅拌摩擦焊时，压入量过大等因素会导致焊缝金属溢出搅拌头轴肩，焊后残留在接头处沿焊缝一侧或两侧形成翻卷的光滑金属。飞边是搅拌摩擦焊过程中比较常见的一种表面缺陷，位于焊缝的上表面，在焊缝的两侧或单侧挤压出塑性金属，形成规则或不规则的边缘薄层。

2. 导致飞边产生的原因

飞边的产生与搅拌头的压入量密切相关。当压入量过大时，容易造成一侧或两侧金属溢出搅拌头轴肩，冷却后在轴肩外围形成一薄层金属，即为飞边。此外，焊缝错边等因素也是

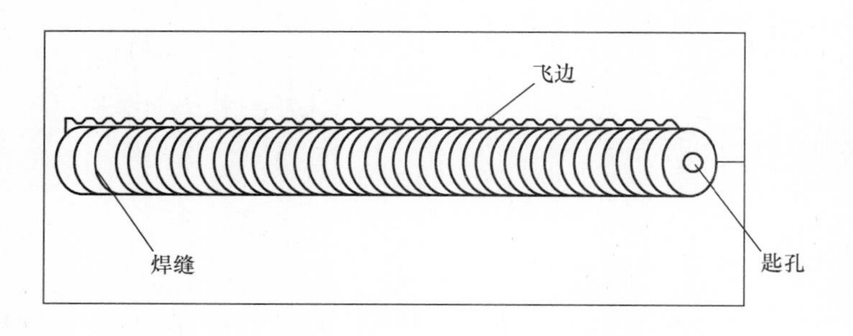

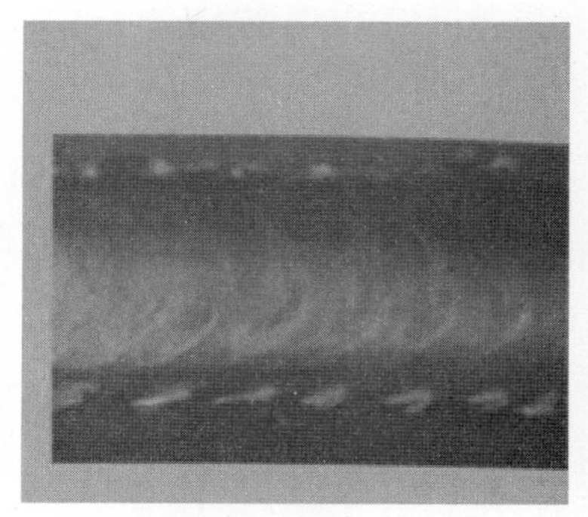

图5-1　飞边

飞边产生的重要原因。工程应用中产生飞边缺陷的原因绝大部分是由板厚差造成的，这是因为在不同厚度板材对接焊接时，为确保焊缝质量，通常以较薄的板材为基准进行焊接，这样较厚的板材在轴肩的挤压下部分金属溢出搅拌头，形成飞边。飞边影响焊缝的美观，但通常并不影响焊缝的力学性能。同时，飞边的形成往往是和板材的减薄同时出现的，这样会造成焊缝上表面轴肩处形成应力集中，如果不进行处理而直接测试接头力学性能就会造成一定的误差。

3. 防止飞边产生的措施

避免飞边产生的措施是：一方面要确保焊接板材的厚度基本一致，另一方面要确保搅拌针的长度与待焊工件的厚度匹配，焊接过程中要正确控制搅拌头的下压量，不要过大。

5.1.2　匙孔

1. 匙孔的定义及特征

搅拌针抽出后未得到母材的填充而在焊缝尾端形成的孔洞（见图5-1和图5-2），称为匙孔。匙孔是搅拌摩擦焊后留在焊件中的物理孔洞，它是由搅拌摩擦焊固有特征决定的。

2. 导致匙孔产生的原因

匙孔的产生主要是因为焊接结束后搅拌头拔出而材料无法得到补充所致。

3. 防止匙孔产生的措施

避免匙孔的产生，一是采用引出板，将匙孔牵引到其他部位，然后通过机械方法将其去除；二是应用可伸缩式搅拌头，在焊接过程中就逐渐将搅拌针收回到轴肩内，这样也可以有效避免匙孔的产生。

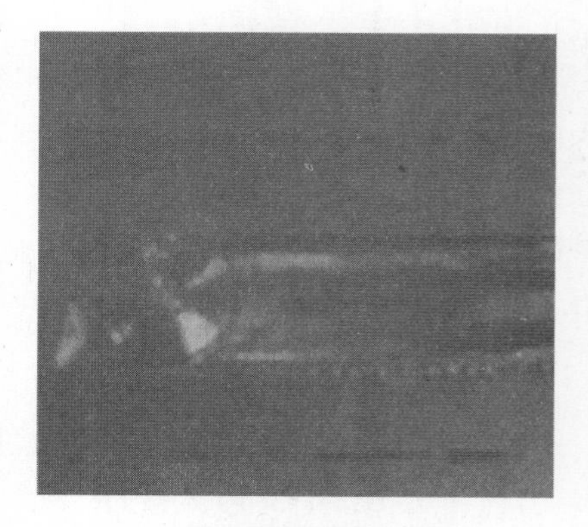

图5-2　匙孔

5.1.3　表面下凹

1. 表面下凹的定义及特征

搅拌摩擦焊后，焊缝正面低于原始母材表面的现象为表面下凹（见图5-3）。表面下凹是搅拌摩擦焊时搅拌头插入工件后引起的焊缝减薄。其特征是焊缝表面比母材表面低，有较明显的下凹现象。表面下凹量是衡量表面下凹的参数，一般用母材与焊缝的高度差表示。

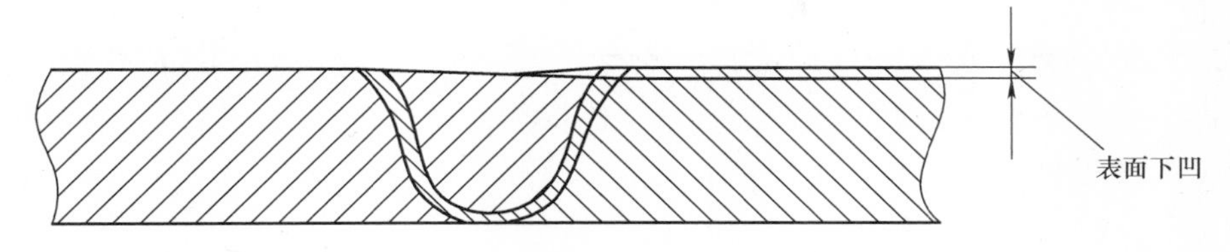

图 5-3　表面下凹

2. 产生表面下凹的原因

搅拌头压入量过大导致表面下凹的产生，压入量直接决定了表面下凹量的大小。

3. 防止产生表面下凹的措施

一般来说，少量的表面下凹不影响焊接接头性能，但如果表面下凹量过大，一方面会因接头厚度的减少而导致接头承力部位变薄，另一方面也会由于焊缝和母材过渡处缺乏圆滑过渡而导致应力集中，形成接头性能薄弱区。为避免表面下凹过大，应选择合适的搅拌头，焊接时严格控制搅拌头的压入量。此外，还需要控制搅拌头的倾斜角度。

5.1.4　毛刺

1. 毛刺的定义及特征

正常的搅拌摩擦焊焊接接头上表面会形成均匀的鱼鳞状纹路，形貌美观，手感均匀，如图 5-4 所示。如果材料粘度比较高，或者焊接热输入比较大，焊缝上表面会形成比较粗糙的纹路，鱼鳞状纹路不清晰，有毛刺感，称为毛刺，如图 5-5 所示。大量的试验可以证明，毛刺不影响焊接接头的力学性能，但会影响接头的成形美观。

2. 导致毛刺产生的原因

焊接接头产生毛刺的原因主要有 3 个：一是材料本身的性能，当材料的粘度比较高时，搅拌摩擦焊时材料在搅拌头轴肩的作用下旋转，发生内摩擦，但由于粘度较大，其上下层的内摩擦界面发生粘连，形成毛刺；二是材料表面状态，若预处理效果不好，待焊工件表面存在污染物，也有可能使材料在焊接时发生粘连，形成毛刺；三是焊接参数选择不当，材料本身特性使之在一定焊接热输入条件下形成毛刺。

图 5-4　具有良好成形的表面鱼鳞状外观的接头

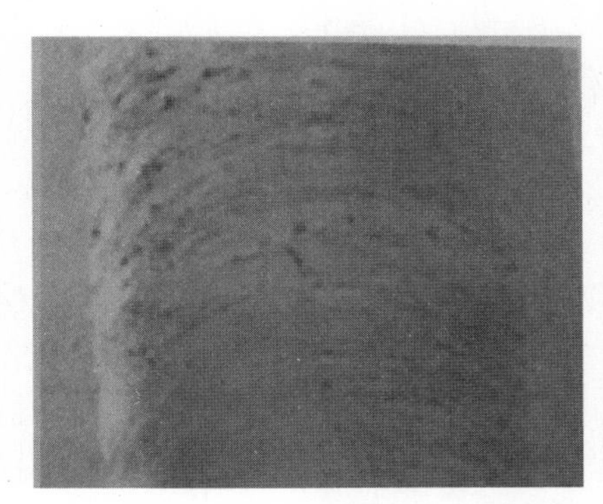

图 5-5　表面成形不好的具有毛刺的接头

3. 防止毛刺产生的措施

避免毛刺产生需要从3个方面加以考虑。第一，要控制原材料的质量，通常情况下合格的铝合金板材在焊接过程中不会产生焊缝毛刺，但是，若板材质量不合格，尤其是板材近表面质量不合格，就很容易产生毛刺现象；第二，要正确进行材料的表面预处理，应采取酸洗、对接面铣切及酒精擦拭零件表面等措施，确保零件待焊区域的洁净度，满足焊接要求；第三，要选择合适的焊接参数，确保热输入不会过大。

5.1.5 起皮

1. 起皮定义及特征

搅拌摩擦焊焊缝正面产生的鼓起的麸皮状薄层金属（见图5-6），称为起皮。由于搅拌摩擦焊过程中热输入及被焊材料性能的影响，可能会导致焊缝上表面纹路不清，产生一薄层鼓起的麸皮状金属。起皮示意图如图5-6所示，实际的外观如图5-7所示。

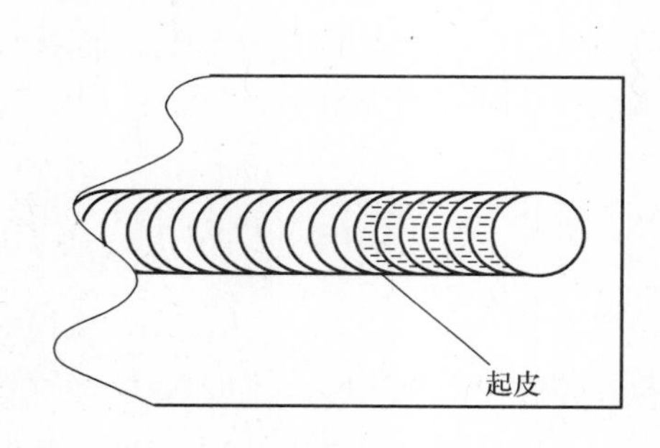

图5-6 起皮现象的表征

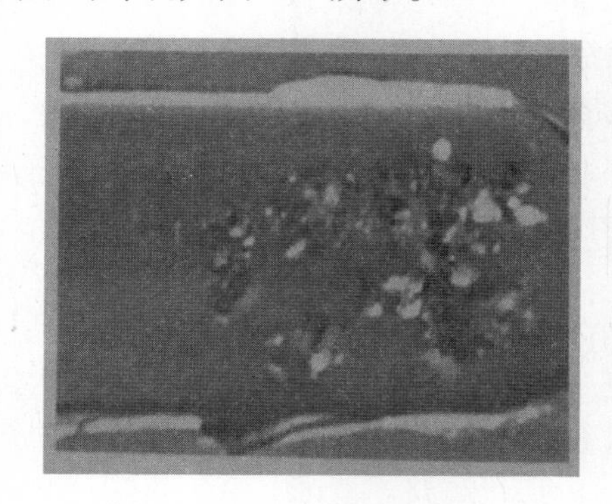

图5-7 起皮现象外观

2. 导致起皮产生的原因

起皮的产生与焊接过程中的热输入及被焊材料的性能有关。

3. 防止起皮产生的措施

根据起皮产生的原因，避免该缺陷产生的措施包括两个方面：一方面要选择合格的材料，确保材料表面的预处理状态良好；另一方面，要选择合适的焊接参数，控制热输入，不要过大，其方法包括适当降低旋转速度和压入量（焊接压力）。

5.1.6 背部粘连

1. 背部粘连的定义及特征

有垫板焊接时，搅拌针插入垫板后搅起垫板材料使夹杂进入焊缝的现象（见图5-8），称为背部粘连。若搅拌头与板材不匹配（搅拌针过长），则焊接时搅拌针将穿透板材，搅动背部垫板的金属，使其粘连在试件的背面，形成背部粘连。该缺陷的特征为在焊缝背面正对着搅拌针头部的位置上粘连有异种材料（通常为背部垫板材料），背部有凸起，能观察到有疏松土壤样的组织粘连在接头背部搅拌针扎入的部位（见图5-8）。

2. 导致背部粘连产生的原因

产生背部粘连的原因比较简单，就是因为搅拌头与被焊板材厚度不匹配。如果背部粘连

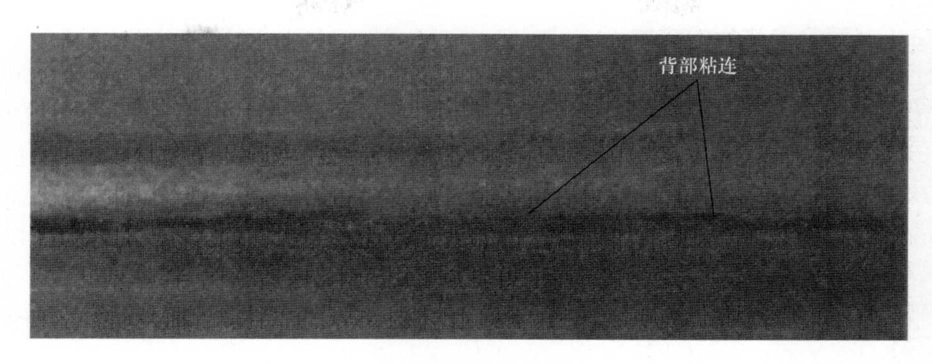

图 5-8　背部粘连

非常严重，将会使垫板材料进入焊缝中，影响到焊接接头质量。如果搅拌针插入得不是非常深，则垫板材料仅仅是粘连在接头背部，对接头质量影响较小，这时可以参考熔焊的夹杂物缺陷处理方法进行背部粘连的处理。

3. 防止背部粘连产生的措施

根据背部粘连产生的原因，要防止背部粘连的产生就要选择合适的搅拌头，与相对应的板材厚度匹配，然后再采用合适的焊接参数进行搅拌摩擦焊接。

5.1.7　表面犁沟

1. 表面犁沟的定义及特征

内部孔洞型缺陷延伸到搅拌摩擦焊焊缝正面形成的犁沟状的焊接缺陷，即为表面犁沟。表面犁沟一般位于焊缝前进侧，表现为焊接接头上表面中间靠近前进侧出现犁沟状缝隙，如图 5-9 所示。表面犁沟长度不一，一般是贯通的，从上表面往焊缝里面看，会观察到比较大的孔洞。通过对其拉伸试样进行断口分析，可以观察到接头的连接状态，如图 5-10 所示。这是一种非常严重的搅拌摩擦焊焊接接头缺陷，会严重影响焊接接头的性能。

图 5-9　表面犁沟

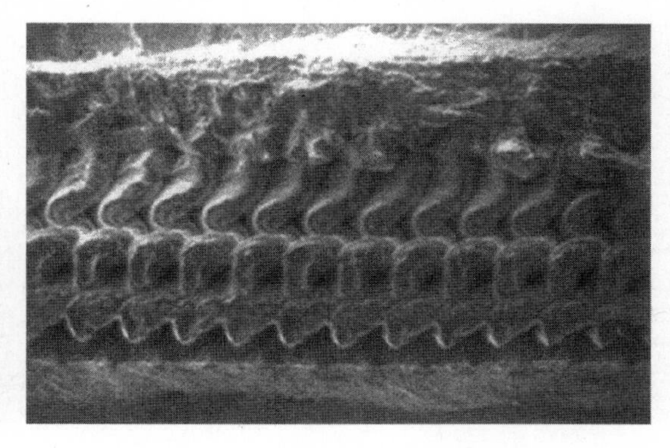

图 5-10　表面犁沟断口宏观形貌

2. 导致表面犁沟产生的原因

表面犁沟缺陷的形成主要是由于焊接过程中热输入严重不足及材料流动非常不充分所致，其结果表现为待焊零件发生类似于切割的现象。

3. 防止表面犁沟产生的措施

避免表面犁沟缺陷产生的措施有两方面：一是要选择合适的搅拌头，确保搅拌头对材料的充分搅拌作用；二是要选择合适的焊接参数，保证焊接过程中的热输入充足，可以适当增加搅拌头旋转速度和焊接压入量（焊接压力），或者适当减小焊接速度。

5.2 内部缺陷

内部缺陷存在于搅拌摩擦焊焊缝的内部各区域，需要借助于X射线、相控阵超声波和金相组织观察等手段才能确定。内部缺陷主要分为未焊透缺陷、弱结合缺陷、孔洞型缺陷（包括隧道型缺陷、孔洞和趾跟缺陷）及结合面氧化物残留等。

5.2.1 未焊透

1. 未焊透的定义及特征

未焊透也是搅拌摩擦焊常见的一种缺陷，位于焊缝的根部，对接面未形成有效连接，产生未焊透的接头周围材料未发生塑性变形。搅拌摩擦焊产生的未焊透缺陷尺寸较小（长度为数百微米），且结合紧密，通过肉眼不易观察到，甚至X射线也不易检测出来，但通过相控阵超声波和金相剖切等手段可较容易地检测出该类缺陷。未焊透会严重降低结构的可靠性，是搅拌摩擦焊严重的缺陷之一。未焊透非常严重时，就发展为背部间隙缺陷。

图5-11所示为搅拌摩擦焊接过程形成的典型未焊透的金相照片。从图中可以看出，未焊透与弱结合处于同一个位置，都位于焊缝的根部。区分这两类缺陷的主要依据是，未焊透发生在材料无塑性变形的区域，而弱结合发生在材料有塑性变形的区域；未焊透一般表现为原始的对接面状态（接头横截面金相显示为竖直的间隙），而弱结合一般表现为对接面金属发生了塑性变形，但未形成有效的物理连接，在高倍显微镜下一般表现为弯曲的细微间隙；未焊透的宽度尺寸（数百微米）远大于弱结合的宽度尺寸（$<10\mu m$），因此未焊透在低倍显微镜下就可以观察到，而弱结合需要在高倍显微镜下才能观察到。

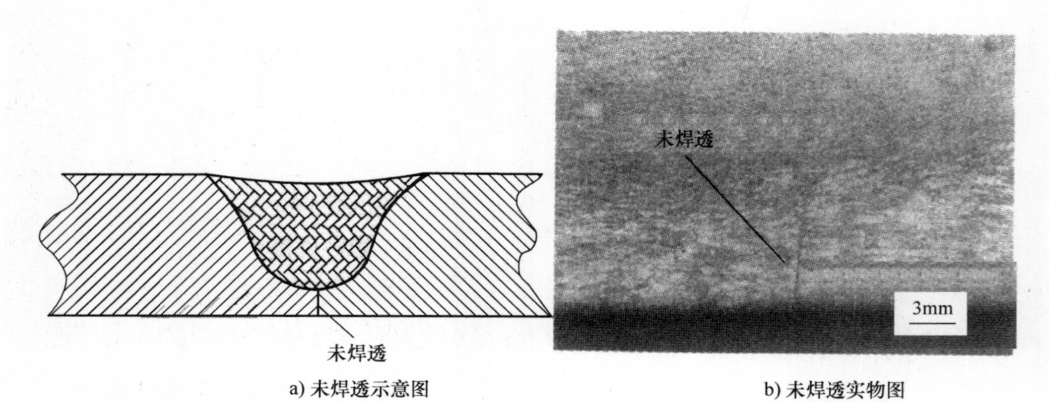

a) 未焊透示意图　　b) 未焊透实物图

图5-11　未焊透缺陷

2. 导致未焊透产生的原因

未焊透产生的原因与背部间隙产生的原因基本一致，主要是由于搅拌针长度与板材厚度不匹配或搅拌头的下压量不够，导致根部的金属没有发生充分的搅拌与塑性变形而形成的。此外，焊前装配状态和焊接参数选择不当也会导致根部金属未发生充分的塑性变形而形成未焊透。

3. 防止未焊透产生的措施

预防未焊透产生的关键在于要使搅拌针尺寸与板材厚度相匹配。另外，在搅拌头尺寸合适的情况下，要严格控制搅拌头的压入量，使搅拌头既不插入背部垫板，又能够将根部金属充分搅动、挤压和变形。再者，需要严格控制焊前装配状态，保证对接面间隙符合要求，严格控制焊接参数，使热输入保持恒定，保证焊接过程的稳定性，防止局部未焊透的产生。此外，可以通过采取焊接后对焊缝背面进行机加工等手段来保证背部无未焊透。

5.2.2　弱结合

1. 弱结合的定义及特征

在焊缝根部塑性变形区域产生的被连接材料间紧密接触但未形成有效结合的焊接缺陷，一般发生在焊缝根部，因此又称为根部弱结合（见图 5-12）。根部弱结合与未焊透缺陷相互伴随着存在于搅拌摩擦焊接接头根部区域。弱结合是搅拌摩擦焊特有的焊接缺陷，被连接材料间紧密接触但未形成有效的物理结合，基本都位于焊缝的根部，从试件对接处向焊核区延伸，类似微观裂纹。弱结合缺陷是一种面形缺陷，宽度只有几微米，长度在数十微米到数百微米不等，宏观上不易发现该类缺陷，常规检测方法（如 X 射线、常规超声）也很难检测到此类缺陷。弱结合一般表现为对接面金属材料发生了塑性变形，但未形成有效的物理连接。这类缺陷会降低结构的可靠性，是搅拌摩擦焊接较严重的缺陷之一。弱结合与未焊透的区别主要在于是否发生了塑性变形。一般来说，未焊透与弱结合是伴随着同时产生的，产生未焊透时，未焊透上部一般就是弱结合，但产生弱结合时，不一定会产生未焊透。

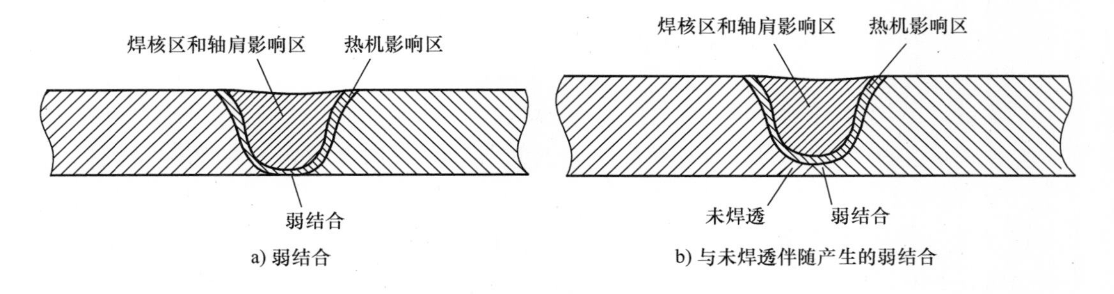

a) 弱结合　　b) 与未焊透伴随产生的弱结合

图 5-12　弱结合

2. 导致弱结合产生的原因

弱结合产生的主要原因包括：搅拌针长度尺寸与板材厚度不匹配、搅拌头下压量不足及搅拌头和焊缝不对中等。这些原因导致焊缝根部金属力和热的传导不充分，使焊缝根部金属发生塑性变形而未实现有效的物理结合，产生弱结合。

3. 防止弱结合产生的措施

防止弱结合产生的关键在于要使搅拌针的长度尺寸与板材厚度相匹配，焊接过程中要控制搅拌头压入量，并控制搅拌头和焊缝的偏移量，使焊缝根部金属达到充分的力传递和热传导，保证根部焊缝金属达到有效的物理结合。另外，还可以通过焊后对焊缝背面进行机加工的方法消除根部弱结合。

5.2.3 孔洞型缺陷

搅拌摩擦焊焊缝内部存在的虫状、隧道状等孔洞缺陷，一般呈不规则形状，有的带尖角或缝隙。孔洞型缺陷一般包括隧道型缺陷、趾跟缺陷及空洞缺陷等。

1. 隧道型缺陷

（1）隧道型缺陷的定义及特征　隧道型缺陷，一般又称之为虫形孔洞缺陷，是搅拌摩擦焊焊缝中比较常见的一类缺陷，由焊缝中一个一个的孔洞连接而成，外形像一只虫子而得名，如图5-13所示。该类缺陷一般位于搅拌针与基体金属结合处，属于体积型缺陷。图5-14所示为搅拌摩擦焊过程中形成的典型虫形孔洞缺陷的金相照片。隧道型缺陷有大有小，但形成的位置一般都位于前进侧焊核区与热机影响区的交界处。

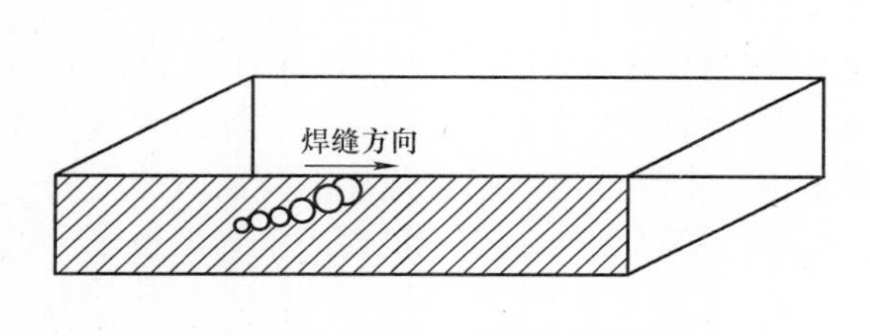

图5-13　隧道型缺陷示意图

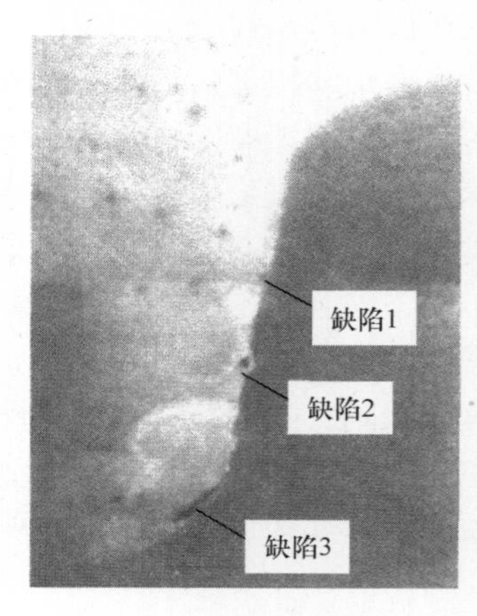

图5-14　隧道型缺陷金相照片

（2）导致隧道型缺陷产生的原因　隧道型缺陷产生的原因通常是由于搅拌头外形尺寸不合理、零件焊接装配不合格（如有板厚差、对接间隙等）或选择的焊接参数不匹配造成的。

1）产生隧道型缺陷的一个重要原因是焊接参数选择不当。当焊接旋转速度过小或者焊接速度过大时，会在焊缝中产生这类缺陷。因为搅拌头旋转速度的减小或焊接速度的增大都会直接导致焊接时热输入不足，从而使得塑性状态的金属体积减小。而搅拌摩擦焊过程中，搅拌头不断将塑性金属从前进侧转移到后退侧，由于塑性金属的流动性变差，前进侧金属未能被来自后退侧的塑性金属及时填充，而导致此区域内金属量减少，最终在此处留下巨大隧道型缺陷。

2）焊接过程中焊缝前进侧与后退侧金属的流动方式不同会产生隧道型缺陷。焊缝前进侧与后退侧塑性金属受到搅拌针的剪切力及搅拌针前方塑性金属向后挤压力的共同作用而产生流动。前进侧塑性金属受到搅拌针的剪切力与焊接方向的塑性金属受到的挤压力方向相反，如果焊接速度过高，搅拌针前方塑性金属向后的挤压作用减弱，因而在焊接过程中前进侧大量塑性金属被搅拌针剪切到后退侧，同时前方的塑性金属因无法及时填充搅拌针后方的空间而形成孔洞。而后退侧金属所受搅拌针剪切力与焊接方向的塑性金属受到的挤压力方向相同，焊后大量金属沉积在后退侧，因而隧道型缺陷大多出现在前进侧。

3）当搅拌摩擦焊接过程中搅拌头转速和焊接速度较大时，会造成材料的异常搅动，并导致隧道型缺陷产生。这种情况下产生的隧道型缺陷的形状不同于热输入不足造成的隧道型缺陷，前者尺寸明显大于后者。热输入不足造成的缺陷随着压力增大会逐渐消失，而异常搅动产生的隧道型缺陷对压力却并不敏感。异常搅动产生的原因可能是由于接头上部和下部的温度不同而引起的。

4）当搅拌头的倾角比较小时（<1.5°），焊核区也可能产生隧道型缺陷。这是由于搅拌头的倾角比较小时，搅拌针下部的塑性金属发生沉积，不能随搅拌头的旋转而向上翻转，造成搅拌头行进过程中的空腔得不到很好的填充，因而在轴肩下方出现了沟槽或隧道型缺陷。随着倾角的增大，这种缺陷将会消失。同时，搅拌头的倾角也会影响焊接过程的热输入，随着倾角的增大，产热率将增大。改变这种状态的一种方法是改变搅拌针的形状，提高搅拌针在垂直方向上的搅拌能力，这样也会减少隧道型缺陷的产生。

5）当试件之间留有间隙时，常会在焊缝中发现隧道型缺陷，其原因是间隙的存在使得焊缝中塑性金属数量减少，在没有塑性金属不断补充的情况下，只能在焊缝中形成隧道型缺陷。另外，采用带螺纹的锥形搅拌针比不带螺纹的搅拌针更能避免隧道型缺陷的产生，因为带螺纹的锥形搅拌针增大了塑性金属的流动性。

（3）防止隧道型缺陷产生的措施　要防止隧道型缺陷的产生，首先，要保证焊接装配必须合格，达到搅拌摩擦焊允许的厚度差，同时对接间隙也要符合焊接要求。其次，采用优化的搅拌头进行焊接，同时还需要在焊接过程中采用优选的焊接参数。

2. 趾跟缺陷

（1）趾跟缺陷的定义及特征　趾跟缺陷一般位于搅拌头轴肩与搅拌针结合的部位，大多数位于焊缝上层靠近前进侧附近。趾跟缺陷通常表现为缺陷区域的组织疏松，严重时会出现孔洞缺陷，如图 5-15 所示。由于趾跟缺陷邻近搅拌头轴肩边缘的应力集中点，因此，焊缝常常会沿着缺陷的脉络断裂。严重的趾跟缺陷可由焊缝内部向焊缝表面延伸，形成表面犁沟缺陷。趾跟缺陷也是孔洞缺陷的一种，但其产生位置一般与虫形孔洞缺陷不同。趾跟缺陷一般产生于焊缝上部前进侧的轴肩影响区、焊核区和热机影响区的交界处；虫形孔洞缺陷一般产生于焊缝中下部前进侧搅拌针周围的焊核区与热机影响区的交界处。

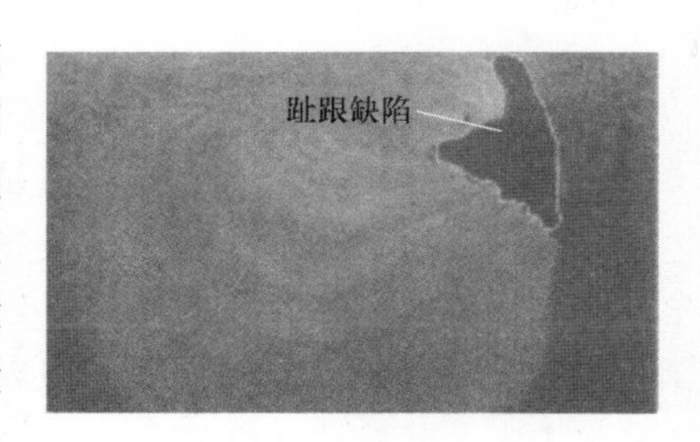

图 5-15　趾跟缺陷

（2）导致趾跟缺陷产生的原因　引起趾跟缺陷产生的原因主要有两个：一个是搅拌头的外形，搅拌头轴肩与搅拌针形状、尺寸等的配比关系，主要是指轴肩包容面和搅拌针结合的部位；另一个是焊接参数，当焊接参数选择不当时，搅拌头轴肩与搅拌针结合部位处的金属没有被充分搅拌，同时金属的流动也不充分，进而形成孔洞等，产生趾跟缺陷。

（3）避免趾跟缺陷产生的措施　要避免趾跟缺陷的产生，首先要选用合理的搅拌头，注意轴肩包容面和搅拌针结合的部位，外形面形状、尺寸要符合加工配比要求；其次要选择合适的焊接参数进行焊接，保证焊接过程中有足够的热量产生，以及保证结合面金属得到充分搅拌，为焊接过程中材料的流动提供充足的热量。

3. 空洞缺陷

（1）空洞缺陷的定义及特征　接头内部形成的其他非虫形、非趾跟形状的孔洞类缺陷，也有人称之为孔洞缺陷。该类缺陷也属于体积型缺陷，表现为规则或不规则的形状，会严重降低焊接接头的性能。

（2）导致空洞缺陷产生的原因　空洞缺陷产生的原因与隧道型缺陷、趾跟缺陷的产生原因基本一致，一般也是由于搅拌头形状和焊接参数不当引起的。焊接时当金属的流动不充分，无法形成一个密闭的空腔时，就会形成空洞缺陷。

（3）避免空洞缺陷产生的措施　要避免空洞缺陷的产生，首先要选用合理的搅拌头，搅拌头外形结构尺寸要符合加工要求；其次要选择合适的焊接参数进行焊接，保证焊接过程中有足够的热量产生，并保证结合面金属得到充分搅拌。

总之，隧道型缺陷、空洞缺陷和趾跟缺陷都属于孔洞型缺陷，以缺陷的外形和分布位置来区分，它们是孔洞型缺陷的典型代表。只要焊接过程中塑性金属材料得不到及时有效的补充，就会产生孔洞型缺陷。通过综合分析发现，孔洞型缺陷产生的原因主要有以下几种：

1）搅拌头设计不合理。

2）工装与工件贴合不实。

3）焊接参数选择不合理。

4）焊接间隙过大。

5）下压量不足。

避免孔洞型缺陷产生的关键在于设计合理的搅拌头，并从工艺上控制焊接过程，使得焊缝金属的塑性流动处于合理状态，力传递和热传导保持均匀状态。

5.2.4　结合面氧化物残留

1. 结合面氧化物残留的定义及特征

结合面氧化物残留是指在焊缝中，沿搅拌针旋转方向，在对接面附近形成一条若隐若现的杂质沉积带，金相表现为焊核区内的一条黑线，如图 5-16 所示。该类缺陷基本上位于焊缝的中下部，从试件对接面处向焊核区延伸，一般来说不影响焊接接头的力学性能。

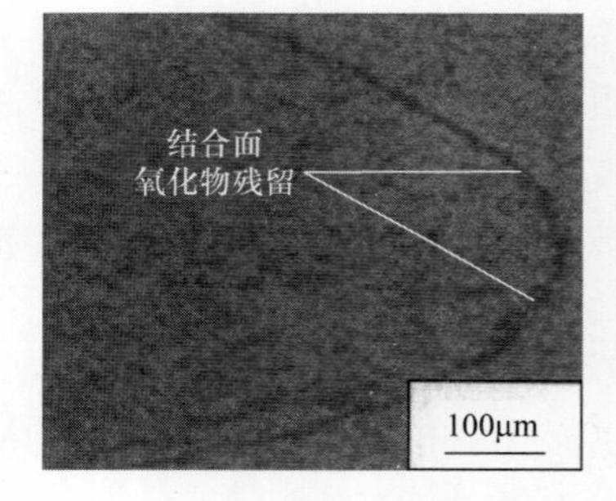

图 5-16　结合面氧化物残留

2. 导致结合面氧化物残留产生的原因

结合面氧化物残留产生的原因很明确，主要是由于在焊接过程中，焊件对接面氧化物、杂质等清除得不彻底或对接面氧化物及焊缝附近的杂质等物质没有被搅拌针充分搅碎所致。

3. 避免结合面氧化物残留产生的措施

要避免结合面氧化物残留的产生，首先要严格控制原材料的质量，不允许杂质含量超标；其次应在焊接前对被焊零件对接面进行充分的清理。工程应用中采取的相应清理措施，包括将被焊零件的对接面铣切一刀，或对焊缝区附近材料进行打磨、酸洗等工序，这样可以有效去除对接面的氧化物和污染物等杂质，减少结合面氧化物残留缺陷的产生。

总的来说，搅拌摩擦焊接会受各种因素的影响，一般情况下，有以下几点：

1）搅拌头形状对焊接接头缺陷的形成具有重要影响，如果搅拌头设计不合理，无法保证塑性材料充分流动，焊接后接头容易产生孔洞型缺陷。

2）焊接压力关系到焊接过程热输入的大小，并影响到材料的塑性流动。如果焊接压力过大，会在焊缝表面形成飞边；如果焊接压力不足，接头则会产生孔洞型缺陷；进一步降低焊接压力，孔洞型缺陷会扩展为表面犁沟。如果焊接压力不足是由搅拌针插入深度不够引起的，则在接头底部会形成未焊透、弱结合及根部间隙等缺陷。

3）可以用搅拌头旋转速度与焊接速度的比值表征搅拌摩擦焊过程的热输入，其值过高或过低都会产生焊接接头缺陷。

4）焊接接头缺陷的产生是多种因素共同作用的结果，对于不同的焊接过程及被焊材料，焊接压力、焊接速度和旋转速度是相互制约的。

本章知识点和技能点

1. 知识点

搅拌摩擦焊焊接接头缺陷可以分为哪两类？各包含哪些缺陷？

2. 技能点

表面犁沟、背部粘连、未焊透、弱结合及孔洞型缺陷的补救措施。

第6章 搅拌摩擦焊检测技术

本章重点

渗透检测、射线检测和超声波检测的原理及特点。

6.1 破坏性检验

接头性能测试一般包括抗拉强度和显微硬度测试等，抗拉强度用以评估不同焊接工艺和参数下接头的力学性能，硬度测试则是为了分析接头不同部位的力学性能差异。

抗拉强度测试时记录接头发生断裂时的拉力 P，接头抗拉强度通过公式（6-1）计算，测试结果取3次测试的平均值。

$$\sigma = \frac{P}{A} = \frac{P}{b \times h} \tag{6-1}$$

式中 b——焊缝宽度（mm）；

h——焊缝高度（mm）。

硬度测试在硬度计上进行，载荷大小和加载时间根据材料类型选择，测量位置根据实验需要选择，硬度值与组织类型有一定的相关性。

接头显微组织分析一般包括对接头不同区域的晶粒形态、位错结构、沉淀相以及断口的显微分析。分析方法主要有光学金相、扫描电子显微镜以及透射电子显微镜等。

金相试样一般采用电火花切割机沿垂直于焊接方向截取，使用热镶嵌机或者用镶牙粉冷镶嵌制成分析试样。采用水砂纸、金相砂纸和抛光液进行粗磨、精磨和抛光，再配置合适的腐蚀液对抛光后的试样进行腐蚀。

透射电镜试样先用电火花线切割机从焊缝横截面截取适当厚度的薄片，然后研磨到约80μm，冲出规定大小的圆片，经离子减薄后即可在透射电镜上进行观察。

断口分析主要包括断裂位置及断口形貌分析，断裂位置的确定是通过将断裂后的接头用粘结剂重新复形，在光学显微镜下观察获得。拉伸断口形貌观察是从拉伸试样上切取断口后直接在扫描电子显微镜下进行。

6.2 超声波检测

6.2.1 超声波检测的原理及特点

超声波是一种机械波，机械振动与波动是超声波检测的物理基础。

物体沿着直线或曲线在某一平衡位置附近做往复周期性的运动称为机械振动。振动的传播过程称为波动。波动分为机械波和电磁波两大类，机械波是机械振动在弹性介质中的传播过程。

次声波、声波和超声波都是在弹性介质中传播的机械波，在同一介质中的传播速度相同。它们的区别主要在于频率不同。频率在 20 ~ 20000Hz 之间的机械波是能引起人们听觉的机械波称为声波，频率低于 20Hz 的机械波称为次声波，频率高于 20000Hz 的机械波称为超声波。次声波、超声波一般来说是听不见的。

超声波检测主要是基于超声波在工件中的传播特性，如超声波在通过材料时能量会损失，在遇到声阻抗不同的两种介质分界面时发生反射等。其工作原理是：

声源产生超声波，采用一定的方式使超声波进入工件。

超声波在工件中传播并被工件材料以及其中的缺陷所影响，使得传播方向或特征被改变。

改变后的超声波通过检测设备被接收，并可对其进行处理和分析。

根据接收的超声波的特征，评估工件本身及其内部是否存在缺陷及缺陷的特性。

超声波检测所用的频率一般在 0.5 ~ 10MHz 之间，对钢等金属材料的检验，常用的频率为 1 ~ 5MHz。超声波波长很短，由此决定了超声波具有一些重要特点，使其能广泛用于无损检测。其特点如下：

1）方向性好：超声波是频率很高、波长很短的机械波，在无损检测中使用的波长为毫米级；超声波像光波一样具有良好的方向性，可以定向发射，易于在被检测材料中发现缺陷。

2）能量高：由于能量（声强）与频率平方成正比，因此超声波的能量远大于一般声波的能量。

3）能在界面上产生反射、折射和波型转换：超声波具有几何声学的上一些特点，如在介质中直线传播，遇界面产生反射、折射和波型转换等。

4）穿透能力强：超声波在大多数介质中传播时，传播能量损失小，传播距离大，穿透能力强，在一些金属材料中其穿透能力可达数米。

超声波检测的优点是：

1）作用于材料的超声强度足够低，最大作用应力远低于材料弹性极限。

2）可用于金属、非金属、复合材料制品的无损评价。

3）对确定内部缺陷的大小、位置、取向、埋深、性质等参量较其他无损检测方法有综合优势。

4）仅需从一侧接近。

5）设备轻便对人体及环境无害，可作现场检测。

6）所用设备参数及有关波形均可存储以便后续调用。

6.2.2　常规超声波检测

随着搅拌摩擦焊接技术应用的不断扩大，如何检测和评价搅拌摩擦焊接接头质量，已成为搅拌摩擦焊接制造技术的重要研究课题。目前超声技术是应用于搅拌摩擦焊焊接接头缺陷检测的一种较为理想的无损检测手段。

1. 检测方法分类

（1）按原理分类

1）脉冲反射法。超声波探头发射脉冲波到被检试件内，根据反射波的情况来检测试件缺陷的方法，称为脉冲反射法。脉冲反射法包括缺陷回波法、底波高度法和多次底波法。

2）穿透法。穿透法是依据脉冲波或连续波穿透试件之后的能量变化来判断缺陷情况的一种方法。穿透法常采用两个探头，一收一发，分别放置在试件的两侧进行探测。

3）共振法。若超声波（频率可调的连续波）在被检工件内传播，当试件的厚度为超声波的半波长的整数倍时，将引起共振，仪器显示出共振频率。当试件内存在缺陷或工件厚度发生变化时，将改变试件的共振频率，依据试件的共振频率特性，来判断缺陷情况和工件厚度变化情况的方法称为共振法。共振法常用于试件测厚。

（2）按波型分类

1）纵波法。使用直探头发射纵波进行探伤的方法，称为纵波法。此时波束垂直入射至试件探测面，以不变的波型和方向透入试件，所以又称为垂直入射法，简称垂直法。

垂直法分为单晶探头反射法、双晶探头反射法和穿透法，一般常用单晶探头反射法。

垂直法主要用于铸造、锻压、轧材及其制品的检测，该法对与探测面平行的缺陷检出效果最佳。由于盲区和分辨率的限制，其中反射法只能发现试件内部离探测面一定距离以外的缺陷。

在同一介质中传播时，纵波速度大于其他波型的速度，穿透能力强，晶界反射或散射的敏感性较差，所以可探测工件的厚度是所有波型中最大的，而且可用于粗晶材料的探伤。

2）横波法。将纵波通过楔块、水等介质倾斜入射至试件探测面，利用波型转换得到横波进行检测的方法，称为横波法。由于透入试件的横波束与探测面成锐角，所以又称斜射法。

此方法主要用于管材、焊缝的检测；其他试件检测时，则作为一种有效的辅助手段，用以发现垂直法不易发现的缺陷。

3）表面波法。使用表面波进行检测的方法，称为表面波法。这种方法主要用于表面光滑的试件。表面波波长很短，衰减很大。同时，它仅沿表面传播，对于表面上的复层、油污、不光洁等，反应敏感，并被大量地衰减。利用此特点可通过手沾油在声束传播方向上进行触摸并观察缺陷回波高度的变化，对缺陷定位。

4）板波法。使用板波进行检测的方法，称为板波法。主要用于薄板、薄壁管等形状简单的试件检测。检测时板波充塞于整个试件，可以发现内部和表面的缺陷。

5）爬波法。当纵波从第一种介质以第一临界角附近的角度入射于第二种介质内时，在第二种介质中不但存在表面纵波，而且还存在斜射横波，此时在介质表面以下一定距离内的复合波称为爬波。

爬波受工件表面刻痕、不平整、凹陷等的干扰较小，有利于检测表面下一定距离的缺陷。

（3）按探头数目分类

1）单探头法。使用一个探头兼作发射和接收超声波的检测方法称为单探头法。单探头法最常用。

2）双探头法。使用两个探头（一个发射，一个接收）进行检测的方法称为双探头法。双探头法主要用于发现单探头难以检出的缺陷。

3）多探头法。使用两个以上的探头成对地组合在一起进行检测的方法，称为多探头法。

（4）按探头接触方式分类

1）直接接触法。探头与试件探测面之间，涂有很薄的耦合剂，因此可以看作为两者直接接触，此法称为直接接触法。此法操作方便，检测图形较简单，判断容易，检出缺陷灵敏度高，是实际检测中用得最多的方法，但对被测试件探测面的粗糙度要求较高。

2）液浸法。将探头和工件浸于液体中以液体作耦合剂进行检测的方法，称为液浸法。耦合剂可以是油，也可以是水。

液浸法适用于检测表面粗糙的试件，探头不易磨损，耦合稳定，检测结果重复性好，便于实现自动化检测。液浸法分为全浸没式和局部浸没式。

2. 检测扫查显示模式

常规超声波检测主要有 4 种扫查显示形式，即 A 型显示、B 型显示、C 型显示、D 型显示。

1）A 型显示：也就是 A 扫，工业超声波检测中应用最多，是目前脉冲发射式探伤仪最基本的显示方式。荧光屏上纵坐标代表发射回波的幅度，横坐标代表发射回波的传播时间，根据缺陷反射波的幅度和时间确定缺陷的大小和存在的位置。

2）B 型显示：又称侧视图。它以反射回波作为辉度调制信号，用亮点显示接收信号，在荧光屏上纵坐标表示波的传播时间，横坐标表示探头的水平位置，反映缺陷的水平延伸情况；B 扫能直观显示缺陷在纵截面上的二维特性，获得截面直观图。

3）C 型显示：又称顶视图。以反射回波作为辉度调制信号，用亮点或者暗点显示接收信号，缺陷回波在荧光屏上显示的亮点构成被检测对象中缺陷的平面投影图。这种显示方式能给出缺陷的水平投影位置，但不能确定缺陷的深度。

4）D 型显示：又称端视图。与 B 显示类似，但 B 显示相关于工件深度和探头进位轴，D 显示相关于工件深度和电子扫描轴。

超声波扫描视图如图 6-1 所示。

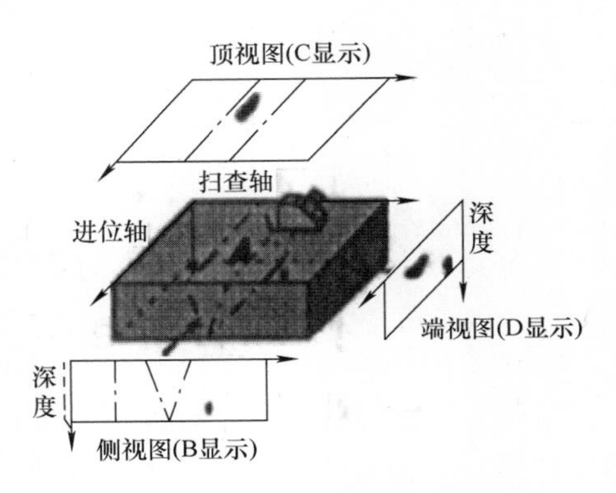

图 6-1　超声波扫描视图

每一个具体的超声波检测技术都是上述不同方式的一种组合，如最常用的单探头纵波垂直入射脉冲反射接触法（A 型显示）。每一种检测技术都有其特点与局限性，针对每一检测对象，根据检验目的及被检件的形状、尺寸、材质等特征进行选择不同检测技术。首先需要了解检测对象的制造工艺和使用目的、影响使用的缺陷种类、缺陷的最大可能取向及大小、受力方向及验收要求，从而确定需检测的缺陷特征与部位。然后，结合检测对象的形状、尺寸、材质，选择适当的检测技术，也就是确定波型、入射方向、用于显现缺陷的超声波特征量（幅度、时间、衰减）以及耦合方式、显示方式等，以便最大可能地实现检测目的。

6.3　相控阵超声波检测

相控阵超声波技术用于无损检测，最先是为动力工业解决下列检测问题：

1）要用单探头在固定位置检出不同位置和任意方向的裂纹。

2）要对检测异种金属焊缝和离心铸造不锈钢焊缝提高信噪比和定量能力。

3）要提高声束扫查可靠性。

4）要对难以接近的受压给水反应器或沸水反应堆部件进行检测。

5）要缩短在用设备维修检测时间，提高生产效率。

6）要检测和定量形状复杂的汽轮机部件中的应力腐蚀小裂纹。

7）要减少在用检测人员射线吸收剂量。

8）要对一些临界缺陷（不论缺陷方向）提高检测、定位、定量和定向精度。

9）要对“合乎使用”（或称“工程临界评定”或“寿命评价”）检测提供易于判读的定量分析报告。

在其他工业领域，如航空航天、国防、石油化工、机械制造等，对超声波检测也都有类似的改进和强化需求。一般都集中在相控阵超声技术的一些主要优点上，即：

1）速度快：相控阵技术可进行电子扫描，比通常的光栅扫描快一个数量等级。

2）灵活性好：用一个相控阵探头，就能涵盖多种应用，不像常规超声波探头应用单一有限。

3）电子配置：通过文件装载和校准就能进行配置，通过预置文件就能完成不同参数调整。

4）探头小巧：对某些超声波检测，可接近性是“拦路虎”，而对相控阵超声波检测，只需用一小巧的阵列探头，就能完成多个单探头分次往复扫查才能完成的检测任务。

6.3.1 相控阵超声波检测的基本原理

1. 波的叠加与干涉

（1）波的叠加原理　当几列波在同一介质中传播时，如果在空间某处相遇，则相遇处质点的振动是各列波引起振动的合成，在任意时刻该质点的位移是各列波引起的位移的矢量和。几列波相遇后仍保持自己原有的频率、波长、振动方向等特性并按原来的传播方向继续前进，好像在各自的途中没有遇到其他波一样，这就是波的叠加原理，又称波的独立性原理。

波的叠加现象可以从许多现象观察到，如两石子落水，可以看到以两个石子入水处为中心的圆形水波的叠加情况和相遇后的传播情况。又如乐队合奏或几个人谈话，人们可以分辨出各种乐器或各人的声音，这些都可以说明波传播的独立性。

（2）波的干涉　两列频率相同，振动方向相同，位相相同或位相差恒定的波相遇时，介质中某些地方的振动互相加强，而另一些地方的振动互相减弱或完全抵消的现象叫作波的干涉现象。

波的叠加原理是波的干涉现象的基础，波的干涉是波动的重要特征。在超声波检测中，由于波的干涉，使超声波源附近出现声压极大极小值。

2. 惠更斯原理

如前所述，波动是振动状态的传播，如果介质是连续的，那么介质中任何质点的振动都将引起邻近质点的振动，邻近质点的振动又会引起较远质点的振动，因此波动中任何质点都可以看作是新的波源。据此惠更斯提出了著名的惠更斯原理：介质中波动传播到的各点都可以看作是发射子波的波源，在其后任意时刻这些子波的轨迹就决定新的波阵面。

3. 相控阵原理

超声波是由电压激励压电晶片探头在弹性介质（试件）中产生的机械振动。工业应用大多要求使用 0.5 ~ 15MHz 的超声波频率。常规超声波检测多用声束扩散的单晶探头，超声波场以单一折射角沿声束轴线传播，其声束扩散可能是对检测方向性小裂纹唯一有利的“附加”角度。

假设将整个压电晶片分割成许多相同的小晶片，令小晶片宽度 e 远小于其长度 W。每个小晶片均可视为辐射柱面波的线状波源，这些线状波源的波阵面就会产生波的干涉，形成整体波阵面。这些小波阵面可被延时并与相位和振幅同步，由此产生可调向的超声聚焦波束。

6.3.2　相控阵超声波声束扫描模式

计算机控制的声束扫描模式主要有以下三种：

1）电子扫描（又称 E 扫描或线性扫描）：高频电脉冲多路传输，按相同聚焦律和延时律触发一组晶片（见图 6-2），声束则以恒定角度，沿相阵列探头长度（所谓“窗口”）方向进行扫描，这相当于用常规超声波探头以相同间隔排列。用斜楔时，对楔内不同延时值要用聚焦律作修正。

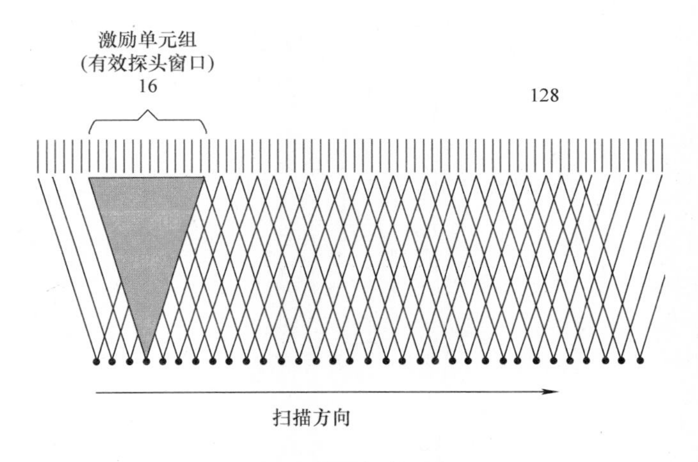

图 6-2　线性扫描示意图

2）动态深度聚焦（DDF）：超声波束沿声束轴线，对不同聚焦深度进行扫描。实际上，发射声波时使用单个聚焦脉冲，而接收回波时则对所有编程深度重新聚焦。

3）扇形扫描（又称 S 扫描，方位扫描或角扫描）：使阵列中相同晶片发射的声束，对某一聚焦深度在扫描范围内移动，而对其他不同焦点深度，可增加扫描范围。扇形扫描区大小可变（见图 6-3）。

6.3.3　相控阵超声波检测特点

相控阵超声波技术的主要特点是多晶片探头中各晶片的激励（振幅和延时）均由计算机控制。压电复合晶片受激励后能产生超声波聚焦波束，声束参数如角度、焦距和焦点尺寸等均可通过软件调整。扫描声束是聚焦的，能以镜面反射方式检出不同方位的裂纹，这些裂纹可能随机分布在远离声束轴线的位置上。用普通单晶探头，因移动范围和声束角度有限，

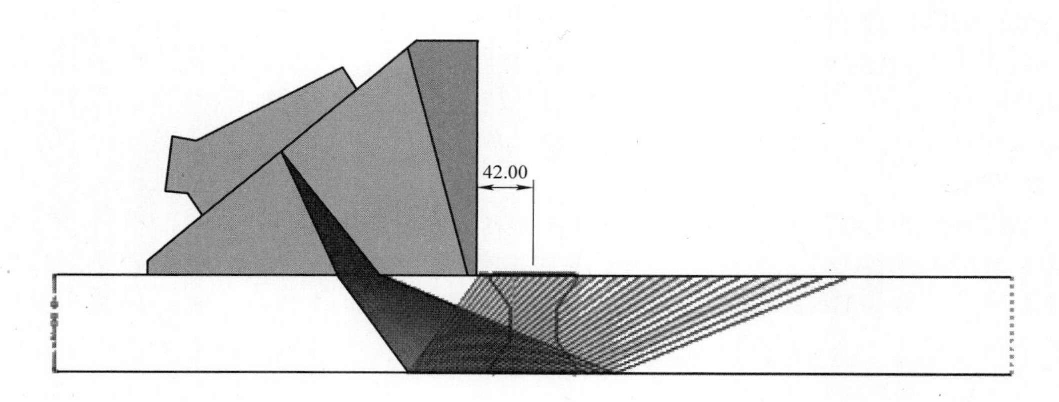

图 6-3　扇形扫描示意图

对方向不利的裂纹或远离声束轴线位置的裂纹，很易漏检。

与传统超声波技术相比，相控阵超声波技术在以下方面显示出无与伦比的优越性：

1）采用电子方法控制声束聚焦和扫描，可以在不移动或少移动探头的情况下快速地扫查，提高检测速度。

2）具有良好的声束可达性，能对复杂几何形状的工件进行扫查。

3）通过优化控制焦点尺寸、聚焦深度和声束方向，可使检测分辨力、信噪比和灵敏度等性能得到提高。

6.3.4　相控阵超声波检测设备

相控阵超声波检测设备包括相控阵检测仪、探头、试块、耦合剂和机械扫查装置等，其中仪器和探头对超声波检测系统的能力起关键性作用，了解其原理、构造和作用及其主要性能，是正确选择检测设备与器材并进行有效检测的保证。

相控阵仪器的基本扫描系统主要组成如图 6-4 所示。

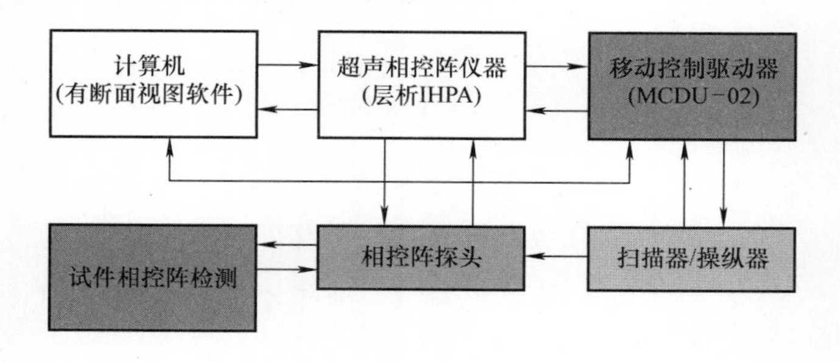

图 6-4　相控阵仪器的基本扫描系统主要组成

1. 仪器

图 6-5 所示 OmniScan MX2 相控阵探伤仪，该仪器有 1 个相控阵接口，2 个 UT 接口，聚焦法则数量为 256 个，拥有自动识别探头功能（仅限仪器配套探头），脉冲发生器/接收器晶片数量为 128，孔径为 32mm，脉冲发生器提供 40V、80V 或 115V 的电压，脉冲宽度为

30～500ns 可调，分辨率为 2.5ns，接收器增益为 0～80dB，系统带宽为 0.75～18MHz（－3dB）。扫查类型有扇扫和线扫，同时作用的晶片组数量最多为 8 个。

2. 探头

在超声波检测中，超声波的发射和接收是通过探头来实现的。

探头又称换能器，其核心部件是压电晶体，又称晶片。晶片的功能是把高频电脉冲转换为超声波，又可把超声波转换为高频电脉冲，是实现电－声能量相互转换的能量转换器。

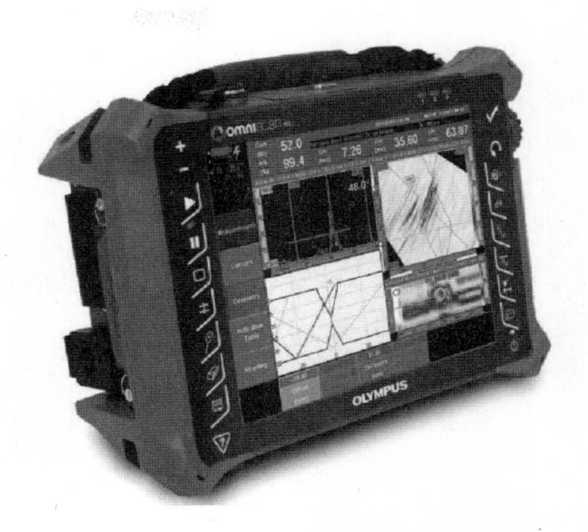

图 6-5　OmniScan MX2 相控阵探伤仪

工业上常用的相控阵探头基本构造如图 6-6 所示。

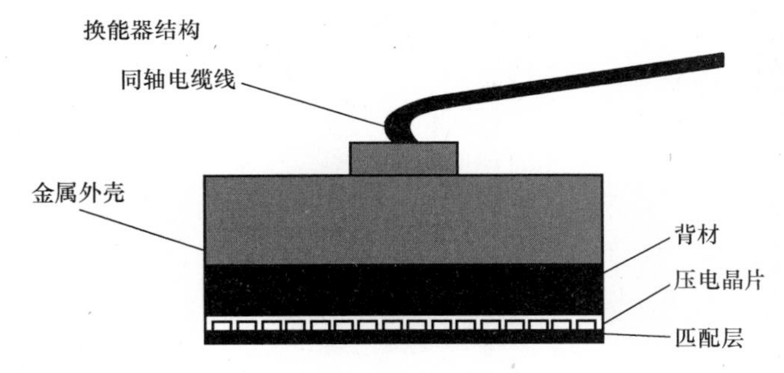

图 6-6　探头的基本结构

相控阵探头的主要参数包括探头频率、阵元数目、阵元间距和阵元大小。探头频率的主要选择依据是被检工件的声学特性和检测需求。一般来说，频率越高，检测分辨力越高，有效检测深度越小，相控阵检测频率通常为 1～10MHz。虽然增加通道数会增加系统复杂性，但有利于抑制旁瓣和主瓣宽度。

6.4　X 射线检测

6.4.1　X 射线检测的原理

X 射线是从 X 射线管中产生的。X 射线管是一种两极电子管，将阴极灯丝通电，电子就在真空中放出，如果两极之间加几十千伏以至几百千伏的电压（叫做管电压）时，电子就从阴极向阳极方向加速飞行、获得很大的动能，当这些高速电子撞击阳极时，与阳极金属原子的核外库仑场作用，放出 X 射线。电子的动能部分转变为 X 射线能，其中大部分都转变为热能。电子是从阴极移向阳极的，而电流则相反，是从阳极向阴极流动的，这个电流叫作管电流，要调节管电流，只要调节灯丝加热电流即可，管电压的调节是靠调整 X 射线装置主变压器的初级电压来实现的。

X 射线检测的原理是利用射线透过物体时，会发生吸收和散射这一特性，通过测量材料中因缺陷存在影响射线的吸收来探测缺陷的。X射线和γ射线通过物质时，其强度会逐渐减弱。射线还有个重要性质，就是能使胶片感光，当X射线或γ射线照射胶片时，与普通光线一样，能使胶片乳剂层中的卤化银产生潜像中心，经过显影和定影后就黑化，接收射线越多的部位黑化程度越高，这个作用叫作射线的照相作用。因为X射线或γ射线使卤化银感光的作用比普通光线小得多，所以必须使用特殊的X射线胶片，这种胶片的两面都涂敷了较厚的乳胶。此外，还使用一种能加强感光作用的增感屏，增感屏通常用铅箔做成把这种曝过光的胶片在暗室中经过显影、定影、水洗和干燥，再将干燥的底片放在观片灯上观察，根据底片上有缺陷部位与无缺陷部位的黑度图像不一样，就可判断出缺陷的种类、数量、大小等，这就是射线照相检测的原理，如图6-7所示。

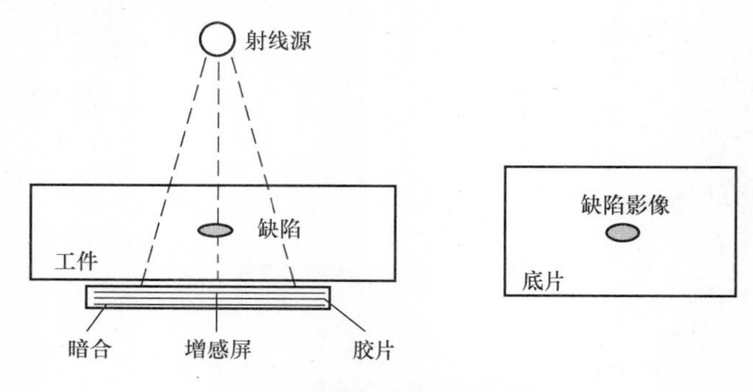

图6-7 X射线照相检测原理

被测物体各部分的厚度或密度因缺陷的存在而有所不同。当X射线或γ射线在穿透被检物时，射线被吸收的程度也将不同。若将受到不同程度吸收的射线投射在X射线胶片上，经显影后可得到显示物体厚度变化和内部缺陷情况的照片（X射线底片），这种方法称为X射线照相法。若用荧光屏代替胶片直接观察被检物体，称为透视法。若用光敏元件逐点测定透过后的射线强度而加以记录或显示，则称为仪器测定法。

6.4.2 X射线检测的特点

X射线是一种波长很短的电磁波，是一种光子，波长为$10^{-8} \sim 10^{-6}$cm，X射线有下列特点。

1. 穿透性

X射线能穿透一般可见光所不能透过的物质。其穿透能力的强弱与X射线的波长以及被穿透物质的密度和厚度有关。X射线波长越短，穿透力就越大；物质密度越低，厚度越薄，则X射线愈易穿透。在实际工作中，通过X射线管的电压值（kV）的大小来确定X射线的穿透性（即X射线的质），而以单位时间内通过X射线的电流（mA）与时间的乘积代表X射线的量。

2. 电离作用

X射线或其他射线（如γ射线）通过物质被吸收时，可使物质的组成分子分解成为正负离子，称为电离作用，离子的多少和物质吸收的X射线量成正比。通过空气或其他物质产生电离作用，利用仪表测量电离的程度就可以计算X射线的量，检测设备正是由此来实现对零件检测的。

3. 感光作用

X 射线和日光一样，对摄影胶片有感光作用，感光强弱和胶片接受 X 射线的量成正比。胶片涂有溴化银乳剂，感光后放出银离子，经过暗室显影定影处理后，胶片感光部分因银离子沉着而显黑色，其余未感光的溴化银被清除而显出胶片本色，即白色。由于物质各部位组织密度不同，胶片出现黑—灰—白不同层次的图像，这就是 X 射线照相的原理。

4. 荧光作用

X 射线波长很短，肉眼看不见，但是照射在某些化合物（如钨酸钙等）上被其吸收后，就可发生波长较长而且肉眼可见的荧光。荧光的强弱和所接受的 X 射线量多少成正比，与被穿透物体的密度和厚度成反比。根据荧光作用，利用以上化合物制成透视荧光屏或照相暗匣里的增感纸，供透视或照片用。

6.4.3　X 射线检测的应用

使用传统的胶片成像和数字成像射线检测技术分别对同种材料、异种材料的搅拌摩擦焊试件进行检测，对于同种材料搅拌摩擦焊试件，当未焊透缺陷尺寸大于或等于试件厚度30%时，以上两种射线检测方法有 90% 的缺陷检出率；对异种铝合金材料的搅拌摩擦焊焊缝，胶片成像射线检测技术无法很好的分辨出未焊透缺陷，原因主要是该焊缝是化学成分不同的铝合金的混合，焊缝区中的合金成分相对于母材都发生了改变，对 X 射线的传播和衰减造成了很大的影响，从而使二维黑白射线胶片上的缺陷图像很难与其焊缝图像区分开。

图 6-8 为对接焊优化工艺下的 X 射线照片。在照片中，焊缝区域与母材并无明显色差。

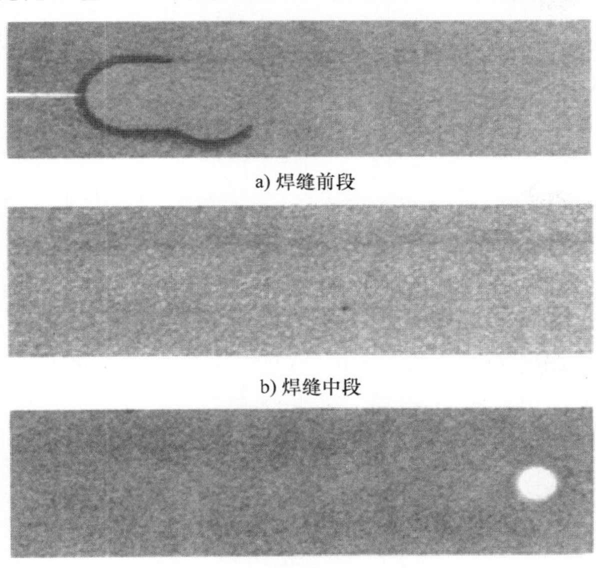

a) 焊缝前段

b) 焊缝中段

c) 焊缝末段

图 6-8　优良焊缝的 X 射线照片

图 6-8a 中黑色线为起焊飞边，因阻挡 X 射线，在照片显影时呈暗色，图 6-8b 中有一个小黑点，小黑点处在与周围有些许色差的直线上，照片上有两条这样淡黑色的直线，是焊缝的边缘，图 6-8c 中白色圆斑为终焊匙孔。这表明焊缝区域材料均匀、致密，没有明显的缺陷。

6.5 渗透检测

渗透检测是一种以毛细作用原理为基础的检查非多孔性材料表面开口缺陷的无损检测方法。渗透检测始于20世纪初，美国工程技术人员对渗透剂进行了大量的试验研究，他们把着色染料添加到渗透剂中，增加了缺陷显示的颜色对比度，使显示更加清晰。然后荧光染料也被加入到渗透剂中，并用显像粉显像，在暗室里紫外光照射下观察缺陷显示，显著提高了渗透检测灵敏度，使渗透检测进入了崭新的阶段，从此渗透检测也成为了广泛使用的检测手段。

渗透检测技术的发展，实际上就是渗透检测剂和设备的发展，国内外检测材料的更加系统化和标准化，促进了渗透检测技术的进步。现在所使用的的渗透检测剂都是低毒和高灵敏度的，今后所面临的任务是系统化的材料和新的特殊用途的渗透检测剂的开发以及配方的改进，提高渗透检测可靠性和检验速度，不断降低检测成本，提高渗透检测剂的综合性能。

6.5.1 渗透检测的原理

渗透检测是基于液体的毛细作用（或毛细现象）和固体染料在一定条件下的发光现象。

渗透检测的工作原理是：工件表面被涂上含有荧光染料或者着色染料的渗透剂后，在毛细作用下，经过一定时间，渗透剂可以渗入表面开口缺陷中；去除工作表面多余的渗透剂，经过干燥后，再在工件表面施涂吸附介质——显像剂；同样在毛细作用下，显像剂将吸引缺陷中的渗透剂，即渗透剂回渗到显像中；在一定的光源下（黑光或白光），缺陷处的渗透剂痕迹被显示（黄绿色荧光或鲜艳红色），从而探测出缺陷的形貌及分布状态。

渗透检测的基本过程如图6-9所示。

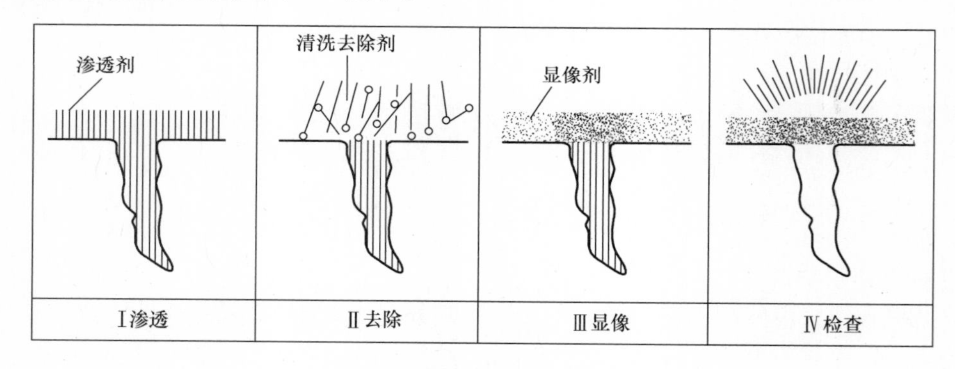

图6-9　渗透检测基本过程

无论是哪种渗透检测方法，其操作步骤基本上是差不多的，主要包括以下几步：

（1）表面处理　对表面处理的基本要求就是，任何可能影响渗透检测的污染物必须清除干净，同时，又不能损伤被检工件的工作功能。渗透检测工作准备范围应从检测部位四周向外扩展25mm以上。

污染物的清除方法有：机械清理、化学清洗和溶剂清洗，在选用时应进行综合考虑。特别注意涂层必须用化学的方法进行去除而不能用打磨的方法。

（2）渗透剂的施加　常用的施加方法有喷涂、刷涂、浇涂和浸涂。

渗透时间是一个很重要的因素，一般来说，施加渗透剂的时间不得少于10min，对于应力腐蚀裂纹因其特别细微，渗透时间需更长，可以长达2h。

渗透温度一般控制在10～50℃范围内，温度太高，渗透剂容易干在被检工件上，给清洗带来困难；温度太低，渗透剂变稠，动态渗透受到影响。当被检工件的温度不在推荐范围内时，可进行性能对比试验，以此来验证检测结果的可靠性。

在整个渗透时间内应让被检表面处于润湿状态。

（3）渗透剂的去除　在渗透剂去除时，既要防止过度清洗又要防止清洗不足，清洗过度可能导致缺陷显示不出来或漏检，清洗不足又会使得背景过浓，不利于观察。

1）水洗型渗透剂的去除：水温为10～40℃，水压不超过0.34MPa，在得到合适背景的前提下，水洗的时间越短越好。

2）后乳化型渗透剂的去除：乳化工序是后乳化型渗透检测工艺的最关键步骤，必须严格控制乳化时间防止过乳化，在得到合适背景的前提下，乳化的时间越短越好。

3）溶剂去除型渗透剂的去除：应注意不得往复擦拭，不得用清洗剂直接冲洗被检表面。

（4）显像剂的施加　显像剂的施加方式有喷涂、刷涂、浇涂和浸涂等，喷涂时距离被检表面为300～400mm，喷涂方向与被检面的夹角为30°～40°，刷涂时一个部位不允许往复刷涂几次。

（5）观察　观察显示应在显像剂施加后7～60min内进行。

观察的光源应满足要求，一般白光照度应大于1000lx，无法满足时，不得低于500lx，荧光检测时，暗室的白光照度不应大于20lx，距离黑光灯380mm处，被检表面辐照度不低于1000μW/cm^2。

在进行荧光检测时，检测人员进入暗室应有暗适应时间。

（6）缺陷评定　按照标准要求进行记录和评定。

渗透检测的结果主要受到操作者的操作影响，所以进行渗透检测的人员一定要严格按照相关的工艺标准、规程及技术要求来进行操作，这样才能确保检测结果的准确性。

6.5.2　渗透检测的分类

1. 根据渗透剂所含染料成分分类

根据渗透剂所含染料成分，渗透检测分为荧光渗透检测法、着色渗透检测法和荧光着色渗透检测法，简称为荧光法、着色法和荧光着色法三大类。渗透剂内含有荧光物质，缺陷图像在紫外线下能激发荧光的为荧光法。渗透剂内含有有色染料，缺陷图像在白光或日光下显色的为着色法。荧光着色法兼备荧光和着色两种方法的特点，缺陷图像在白光或日光下能显色，在紫外线下又能激发出荧光。

2. 根据渗透剂去除方法分类

根据渗透剂去除方法，渗透检测分为水洗型、后乳化型和溶剂去除型三大类。水洗型渗透法是渗透剂内含有一定量的乳化剂，工件表面多余的渗透剂可以直接用水洗掉。有的渗透剂虽不含乳化剂，但溶剂是水，即水基渗透剂，工件表面多余的渗透剂也可直接用水洗掉，它也属于水洗型渗透法。后乳化型渗透法的渗透剂不能直接用水从工件表面洗掉，必须增加一道乳化工序，即工件表面上多余的渗透剂要用乳化剂“乳化”后方能用水洗掉。溶剂去除型渗透法是用有机溶剂去除工件表面多余的渗透剂。

3. 根据显像剂类型分类

根据显像剂类型，渗透检测分为干式显像法和湿式显像法两大类。干式显像法以白色微细粉末作为显像剂，施涂在清洗并干燥后的工件表面上。湿式显像法是将显像粉末悬浮于水中（水悬浮显像剂）或溶剂中（溶剂悬浮显像剂），也可将显像粉溶解于水中（水溶性显像剂）。此外，还有塑料薄膜显像法；也有不使用显像剂，实现自显像的。

6.5.3 渗透检测的特点

渗透检测可广泛应用于检测大部分的非吸收性物料的表面开口缺陷，如钢铁、有色金属、陶瓷及塑料等，对于形状复杂的缺陷也可一次性全面检测，主要用于裂纹、白点、疏松、夹杂物等缺陷的检测，无需额外设备，对应用于现场检测来说，常使用便携式的灌装渗透检测剂，包括渗透剂、清洗剂和显像剂这三个部分，便于现场使用。渗透检测的缺陷显示很直观，能大致确定缺陷的性质，检测灵敏度较高，但检测速度慢，因使用的检测剂为化学试剂，对人的健康和环境有较大的影响。

渗透检测特别适合野外现场检测，因其可以不用水电。渗透检测虽然只能检测表面开口缺陷，但检测却不受工件几何形状和缺陷方向的影响，只需要进行一次检测就可以完成对一个平面上各个方向缺陷的检测。

同其他无损检测方法一样，渗透检测也是以不损坏被检测对象的使用性能为前提，运用物理、化学、材料科学及工程学理论为基础，对各种工程材料、零部件和产品进行有效的检验，借以评价它们的完整性、连续性、及安全可靠性。渗透检测是产品制造过程中实现质量控制、节约原材料、改进工艺、提高劳动生产率的重要手段，也是设备维护中不可或缺的手段。

渗透检测方法可检查各种非疏孔性材料的表面开口缺陷，如裂纹、气孔、折叠、疏松、冷隔等。渗透检测技术不受材料组织结构和化学成分的限制，不仅可以检查有色金属和黑色金属，还可以检测塑料、陶瓷及玻璃等。渗透检测具有较高的检测灵敏度，超高灵敏度的渗透检测材料可清晰地显示宽0.5μm、深10μm、长1mm左右的细微裂纹。而且，渗透检测显示直观、容易判断，操作也非常快速、简便，一次操作即可检出一个平面上各个方向的缺陷。此外渗透检测还具有设备简单、携带方便、检测费低、适应于野外工作等优点。渗透检测技术在工业领域得到广泛的应用。

但是，渗透检测无法或难以检查多孔的材料，例如粉末冶金工件；也不适用于检查因外来因素造成开口或堵塞的缺陷，例如工件经喷丸处理或喷砂，则可能堵塞表面缺陷的“开口”；难以定量的控制检测操作质量，多凭检测人员的经验、认真程度和视力的敏锐程度来控制。

6.5.4 渗透检测的应用

通过 P135E 和 P6F4 这两种不同的荧光渗透剂进行的渗透检测，可在焊接原状（不适用侵蚀剂和渗透剂）、单一侵蚀（直接使用渗透剂）或者双重侵蚀（在使用渗透剂之前通过腐蚀性侵蚀剂进行侵蚀）状态下，在搅拌摩擦焊测试样板上进行，此外，可分别在使用和不使用显像剂并在不同渗透时间条件下进行渗透检测。在焊接原状下进行渗透检测，由于检测能力差、背景噪声过大，被认为是一种不可接受的方法。

在侵蚀条件下，通过 P135E 和 P6F4 对搅拌摩擦焊结构进行检测，能够成功检测出根部的未焊合缺陷。由于每种渗透剂的检测敏感度不同，检测结果也有所不同。使用 P135E 能够成功检测出深度大于或者等于 1.626mm 的未焊合缺陷，使用 P6F4 能够成功检测出深度大于或等于 1.270mm 的未焊合缺陷。与单一侵蚀相比，在应用渗透剂之前通过腐蚀性侵蚀剂进行双重侵蚀，能够提高对未焊合缺陷的检测率。

本章知识点和技能点

1. 知识点

破坏性试验简介，超声波检测、相控阵超声波检测 X 射线检测和渗透检测的原理、分类和特点。

2. 技能点

掌握渗透检测、超声波检测的基本方法和步骤，做一份检测报告。

第7章 搅拌摩擦焊接头缺陷修复工艺技术

本章重点

本章从实际工程应用角度出发，重点讲述了搅拌摩擦焊接头缺陷的修复工艺技术。

7.1 搅拌摩擦焊接头中常见缺陷的修复方法

搅拌摩擦焊接头中常出现的缺陷主要有飞边、沟槽、孔洞、未焊透和弱结合等。影响搅拌摩擦焊接头性能的主要因素有：搅拌头形状、旋转速度、焊接速度、轴向压力（压入量）和焊接倾斜角等。缺陷的产生主要是由于在焊接过程中，不同部位的焊缝金属经历了不同的热机过程，过热或者塑性材料流动不足导致。

常用于搅拌摩擦焊接头缺陷的修复方法主要有3种：常规熔焊方法、搅拌摩擦焊修补和摩擦塞焊修补。这3种修复方法各有其特点和应用范围。

常规熔焊方法的优点是工艺成熟，手工TIG焊等方法一般不需要特殊的工装，工程上也比较容易实现，缺点是熔焊后接头性能明显降低，丧失了搅拌摩擦焊作为固相焊接的优势。

搅拌摩擦焊修补主要适用于长直的线状缺陷，如孔洞型缺陷、未焊透和弱结合等缺陷的修复。其优点是修复后接头性能一般不会降低，若缺陷发现及时可在搅拌摩擦焊接后直接进行修复，方法简单，但缺点是接头厚度减薄，降低零件的承力效果。

摩擦塞焊修补是目前新兴的一种接头缺陷修复方法，同样属于固相焊接，修复后接头性能不会明显降低，主要适用于点状缺陷的修补，如单个孔洞、材料点状杂质堆积等缺陷。摩擦塞焊修补焊接缺陷，需要针对不同的焊接对象设计专用的焊接工装。

7.2 匙孔处理工艺技术

搅拌摩擦焊焊接结束后搅拌针所处的位置会留下一个匙孔，匙孔的存在不仅影响焊缝表面的美观性，也会在一定程度上降低焊缝的力学性能。因此在工程应用过程中对匙孔进行修复处理是非常必要的。

对于大多数结构的搅拌摩擦焊而言，解决这个问题，可以在起焊和收焊的位置增加引入板和引出板，焊后切除；或是在产品零件的口框处引出搅拌摩擦焊的收焊匙孔，如某些舱体的口框处引出匙孔，而后加工去除。但是这种方法对回转类结构的环缝焊接等情况不适用。

在回转类结构的环缝焊接焊缝处理时，可依据现场或是相关方规定，在满足相关标准要求的前提下，在“匙孔”处用其他材料填满，或是用其他焊接方法填满，并进行相应的焊缝质量检测。还有一种方法就是设计搅拌针长度可调整的搅拌头，这样不仅可以解决“匙孔”问题，还可以实现变厚度材料的焊接。

7.3　飞边处理工艺

目前去除搅拌摩擦焊焊接飞边的方法有两种：一是在焊接结束后，在机加工设备上将飞边去除，即先降低飞边硬度，然后用车床或专用机床将飞边冲剪。由于多数搅拌摩擦焊焊件材质的碳含量或合金元素含量较高，有一定的淬火倾向，并且搅拌摩擦焊飞边较窄，又处于焊缝两侧，冷却后的飞边的硬度和强度都很高，焊后在车削或冲剪飞边之前，接头区必须要进行退火处理，这不仅增加了热处理工序，还可能由于热处理不当而降低接头性能。另外，有些搅拌摩擦焊焊机使用厂家在焊机旁设置了专门用于去除焊件飞边的车床或冲床，在焊接结束后立即取下焊件，尽快将焊件移至车床或冲床上去除飞边，这时焊件接头处的温度在350℃左右，虽然允许车削或冲剪飞边，但刀具磨损很快，并且在搅拌摩擦焊焊接效率很高或是焊件很重时，将焊件及时移动至车床或冲床上，无论是人工还是机械的办法都存在一定的困难，增加了制造成本。

另外一种方法是直接在搅拌摩擦焊机上去除飞边。国内外对此类装置都进行了深入的研究，研究开发在搅拌摩擦焊机上设置车削或冲剪去除飞边的装置，此方法较第一种方式方便可靠（如哈尔滨焊接研究所研制出的具有自动去飞边装置的混合式搅拌摩擦焊焊机）。

7.4　补焊工艺

采用搅拌摩擦焊方法进行搅拌摩擦焊接头缺陷的修复，其实质就是重复进行搅拌摩擦焊，通过调整焊接工艺和焊接条件进行多次搅拌摩擦焊，最终获得性能优良的接头。例如，对2219热处理强化铝合金进行多次搅拌摩擦焊，焊后接头强度和伸长率经过重复焊接以后变化都不大，说明重复焊接对接头性能影响不大，可进行多次重复焊接，主要是因为搅拌摩擦焊属于固相焊接，焊接过程中温度远小于熔焊时的温度，焊接热量对接头产生的不良影响比较小。同时，由搅拌摩擦焊的原理可以知道，搅拌头对焊缝接头搅拌、碾压，有使接头组织致密的作用，可使接头中可能存在的孔洞、组织疏松等缺陷消失，保证接头强度。

搅拌摩擦焊可以进行多次重复焊接的这种特性在实际生产中有重要的作用。例如，可以用于补焊，如焊接接头产生缺陷时可以进行再次焊接，以消除接头缺陷；当间隙过大、板厚差过大时，首次焊接容易产生孔洞或沟槽缺陷，再次焊接就可以消除这些缺陷。首次焊实际上相当于将对接面找平，消除板厚差影响，并且通过首次焊接实现板材或型材间初步的连接。

从设计角度考虑需要注意的是，多次焊接会使接头的有效厚度减小，尽管强度降低不大，但是其抗拉强度会减小。如图 7-1 所示，为解决焊缝减薄问题，在轨道车辆车体焊接接头设计时，选择采用以下方案进行接头设计，新增 0.4mm 凸台，可有效地避免焊缝减薄带来的抗拉强度降低。

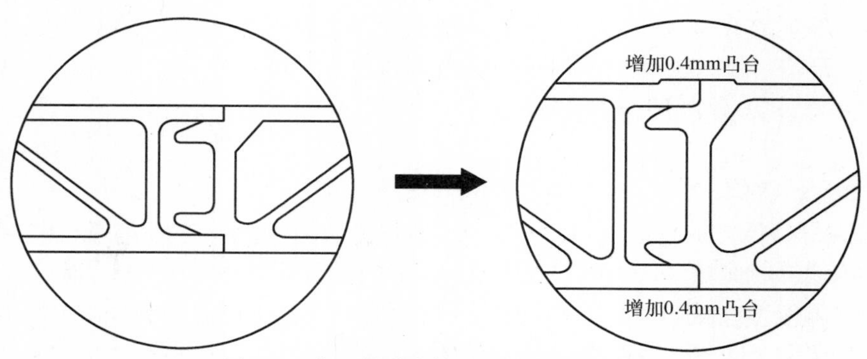

图 7-1 典型轨道车辆用搅拌摩擦焊接头

7.5 摩擦塞焊工艺

7.5.1 摩擦塞焊原理

摩擦塞焊（Friction Plug Welding，FPW）又称为摩擦塞补焊，最初由英国焊接研究所开发，并推荐给洛克希德·马丁公司作为储箱焊接接头缺陷的修补方法，用于提高航天飞机外储箱的可靠性，降低报废率。FPW 衍生于摩擦锥形塞焊，其工艺过程分为以下 4 个阶段：

1）第一阶段是在待焊的工件上开锥形孔，头部为锥形的塞棒被夹持固定在卡盘上，卡盘带动塞棒旋转。

2）第二阶段是摩擦加热阶段。在该阶段，塞棒插入锥形孔，一边顶锻工件，一边高速旋转，使摩擦面紧密接触产生充足的摩擦热。

3）第三阶段是制动减速阶段。在这一阶段，要求高速旋转的塞棒迅速制动急停。

4）第四阶段为顶锻保压阶段。在该阶段，没有能量输入，热量逐渐散失，但要保持轴向顶锻压力以获得高质量的接头。

摩擦塞焊是一种创新的焊接接头修复工艺。焊接后需去除多余的塞棒和凸出部分的金属，然后进行无损检测。该工艺类似于摩擦螺柱焊，不同之处在于摩擦螺柱焊是将摩擦棒焊接到板材的表面，而摩擦塞焊主要用来替代一定体积缺陷的材料。该工艺和一般的熔焊补焊方法相比具有以下优点：

1）固相工艺，不存在母材金属熔化，修补焊缝残余应力低、残余变形小。

2）能改善补焊焊缝的力学性能、疲劳强度、断裂韧性和接头塑性。力学性能试验表明，采用摩擦塞焊修复的焊缝抗拉强度比常规 TIG 焊修复的高 20%，而且焊缝还具有优良的断裂韧性和抗腐蚀性能。

3）可以精确控制焊接参数，工艺稳定性和再现性高。

4）机械原理简单，能量利用率高。

5）绿色环保，焊接过程中不产生烟尘、弧光等污染。

摩擦塞焊可以用来修复一般熔焊焊接的焊接缺陷，也可以用于搅拌摩擦焊匙孔和点状缺陷的修补，主要用在对接头强度要求比较高的时候。对于 2A14、2219 等铝合金材料，当前的手工补焊方法通常用于修补直径小于 ϕ6mm 的焊接接头缺陷，而且会降低焊缝强度。此外，采用手工补焊，其接头补焊质量严重的依赖于焊工的技术水平，补焊的效率低。若采用摩擦塞焊，其补焊的接头质量高，基本可以达到原焊缝基体强度，还可以避免一般手工补焊方法的缺点，效率高，质量稳定可靠。

7.5.2　摩擦塞焊分类

依据塞棒焊接压力加载的方式不同，摩擦塞焊可分为两类：其一是顶锻式摩擦塞焊，焊接力采用推应力的方式加载，摩擦焊机施力位置在塞棒的大端一侧；其二是拉锻式摩擦塞焊，焊接力采用拉应力的方式加载，施力位置在塞棒的小段一侧。

顶锻式和拉锻式摩擦塞焊方式的选择与被焊产品的实际状况有关。拉锻式摩擦塞焊可以将所有设备和支撑垫板放在修补工件的一侧，与摩擦焊机做成一体，可以进行自平衡加载，而不需要顶锻式摩擦塞焊所必需的大型支撑结构，比较适合于修补大型零部件的点状接头缺陷。顶锻式摩擦塞焊补焊工艺再现性好，焊接参数范围比拉锻式摩擦塞焊广，但焊接时需要在缺陷部位增加背部支撑，提高了焊接工装要求。顶锻式和拉锻式摩擦塞补焊的工作原理及结构如图 7-2 ~ 图 7-5 所示。

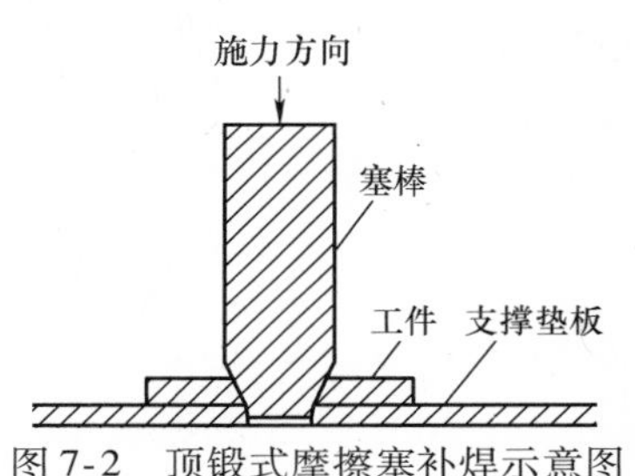

图 7-2　顶锻式摩擦塞补焊示意图

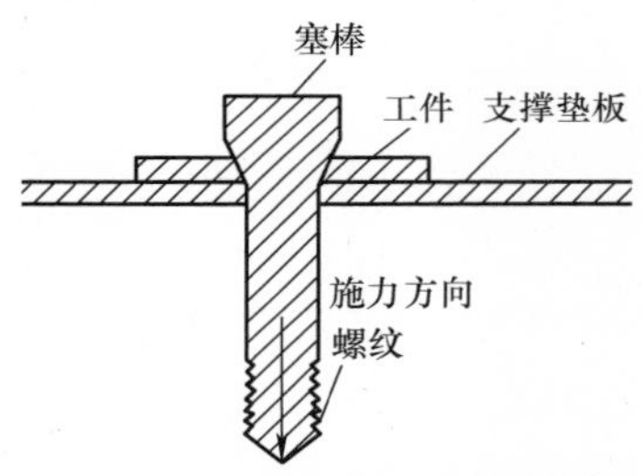

图 7-3　拉锻式摩擦塞补焊示意图

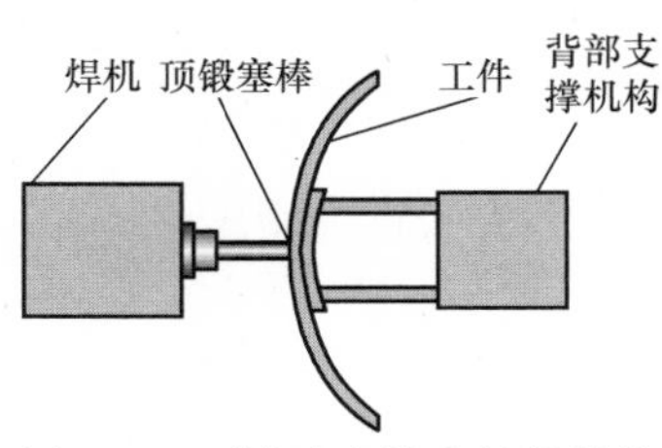

图 7-4　顶锻式摩擦塞补焊结构

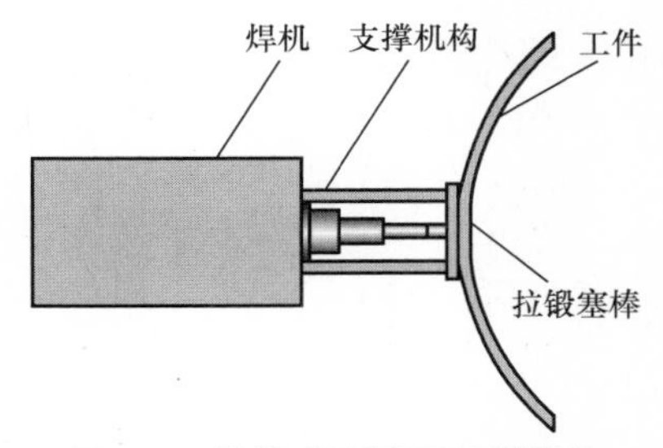

图 7-5　拉锻式摩擦塞补焊结构

7.5.3　摩擦塞焊工艺

（1）工艺准备　铝合金摩擦塞焊在焊接前需要进行一定的工艺准备，主要是进行塞孔和塞棒的结构设计与加工。加工塞孔前应首先通过无损检测的方法确定原始焊缝中接头缺陷的位置，然后将缺陷附近原始焊缝的余高去除，保持和母材表面齐平，最后加工出锥形的塞孔。图 7-6所示塞孔的结构尺寸应符合表 7-1 所示的规定。

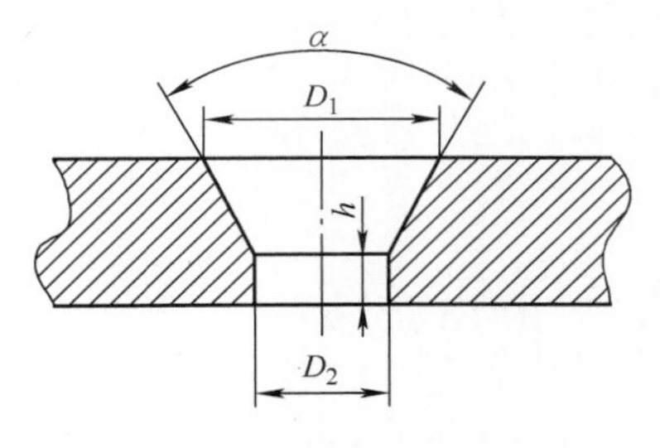

图 7-6　塞孔示意图

表 7-1　塞孔的结构尺寸

母材金属厚度 δ/mm	锥角 α/(°)	小端直径 D_2/mm	钝边厚度 h/mm
3 ~ 6	40 ~ 90	10 ~ 18	0 ~ 2
6 ~ 20	40 ~ 60	18 ~ 25	0 ~ 3

塞棒的作用主要是通过塞棒与塞孔截面的摩擦产热，在压力的作用下实现塞棒与塞孔的紧密连接。塞棒和塞孔相配合面为锥形，加工面应平整、光洁、无毛刺，表面粗糙度 Ra 的最大允许值 12.5μm，塞棒焊接前应进行检测，保证无缺陷。如图 7-7 所示，塞棒的结构尺寸应符合表 7-2 所示的规定。

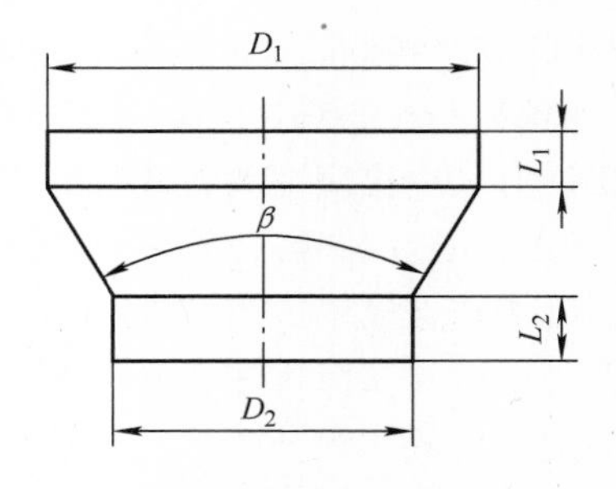

图 7-7　塞棒示意图

表 7-2　塞棒的结构尺寸

加载方式	大端直径 D_1/mm	小端直径 D_2/mm	大端长度 L_1/mm	小端长度 L_2/mm	锥角 β/(°)
顶锻式加载	$> D_1$	$< D_2$	根据加持机构确定	0 ~ 5	20 ~ 60
拉锻式加载	$> D_1$	$< D_2$	3 ~ 10	根据夹持构确定	20 ~ 60

（2）接头锥角　顶锻式摩擦塞焊的塞孔和塞棒一般采用相同的角度，拉锻式摩擦塞焊的塞孔和塞棒一般采用不同的角度，这主要是从两者受力状态不同的角度进行考虑的。图 7-8 所示为 2A14 铝合金采用顶锻式摩擦塞焊时接头抗拉强度和接头锥角之间的关系。从图中可以看到，随着接头锥角角度的增加，焊接接头的抗拉强度随之提高。因为对于不同锥角的焊接接头，锥形面小端的直径相等，锥角增大，锥面的大端直径增大，塞棒和塞孔接触面积也增大，在同样的主轴转速条件下，摩擦产生的热量增加提高了焊接接头的连接强度。

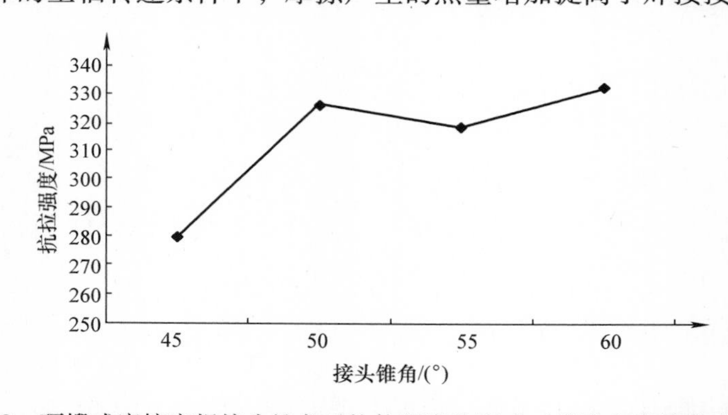

图 7-8　顶锻式摩擦塞焊接头锥角对抗拉强度的影响（塞孔和塞棒角度相同）

采用不同的塞孔与塞棒的配合，进行 2219 铝合金拉锻式摩擦塞焊试验，试验结果如图 7-9 所示。其中，横坐标的两项数据，前面的一项表示的是塞孔角度，后面一项表示的是塞棒角度，例如，45 + 50 表示：塞孔角度为 45°，塞棒角度为 50°。从图 7-9 中可以看到，随着接头锥角的不同，焊接接头的抗拉强度随之发生变化。当塞孔和塞棒的锥角角度完全相同的时候，接头的抗拉强度比较低；当塞孔和塞棒的锥角角度不同时，即塞棒的角度大于塞孔的锥角时，接头抗拉强度比较高。因为当塞孔和塞棒以不同角度配合时，焊接过程中塞棒和塞孔的接触开始为线接触，接触面积比较小，降低了塞棒拉杆承受的摩擦转矩，拉杆不容易产生缩颈变形，防止了未焊合焊接缺陷的产生，提高了焊接接头的抗拉强度。若塞孔和塞棒的配合角度完全相同，当塞棒和塞孔的接触为摩擦面完全接触时，摩擦转矩比较大，拉杆容易发生扭断和变形，会产生下表面未焊合缺陷，降低了焊接接头质量。另外，当塞孔和塞棒角度相同时，焊接初始阶段就出现塞孔和塞棒的面接触，摩擦力急剧增大，易造成设备损坏。由于设备一般采用液压驱动，摩擦力的急剧增大还会出现焊接稳定性差等问题。

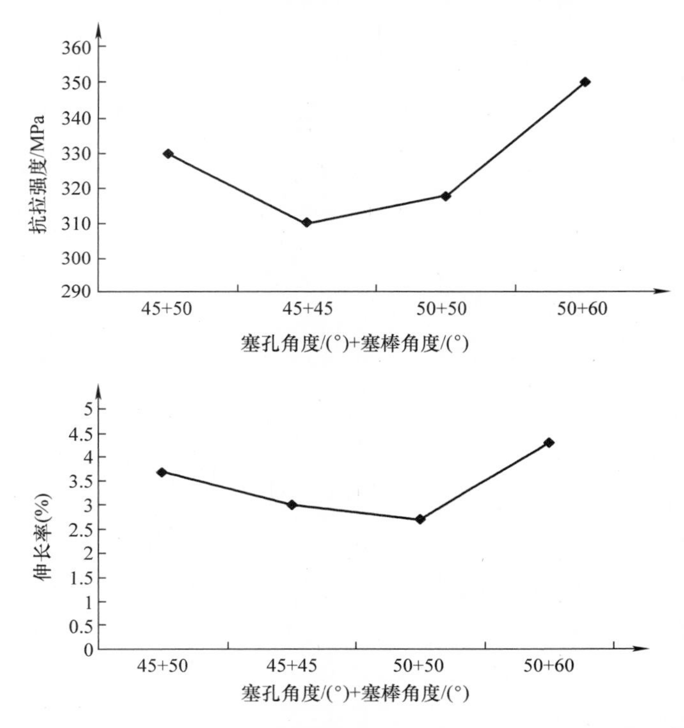

图 7-9 2219 铝合金拉锻式摩擦塞焊接头锥角对接头抗拉强度和伸长率的影响

（3）摩擦压力 摩擦压力对顶锻式摩擦塞焊接头性能的影响非常明显，图 7-10 所示为 2A14 铝合金顶锻式摩擦塞焊时摩擦压力与接头抗拉强度之间的关系。从图中可以看出，随着摩擦压力的增加，焊接接头的抗拉强度提高。摩擦压力主要影响焊接温度场。如果焊接压力低，摩擦时间短，则界面加热不充分，不能满足实际焊接需要，塞棒与塞孔之间的界面不能达到塑性变形状态。另外，如果压力过低，摩擦时间长，即使摩擦热量可以使界面金属达到塑性变形状态，也会因为压力不足，而不能实现塞孔与塞棒的紧密连接。如果摩擦压力过高，摩擦时间过长，则会出现高温区金属过热，易产生变形和飞边，消耗材料多。摩擦塞焊本质上是一种摩擦焊，因此摩擦压力是最重要的参数之一。

图 7-11 所示为摩擦压力对 2219 铝合金拉锻式摩擦塞焊接头抗拉强度和伸长率的影响。

从图 7-11 中可以看到，随着摩擦压力的提高，2219 铝合金拉锻式摩擦塞焊接头的抗拉

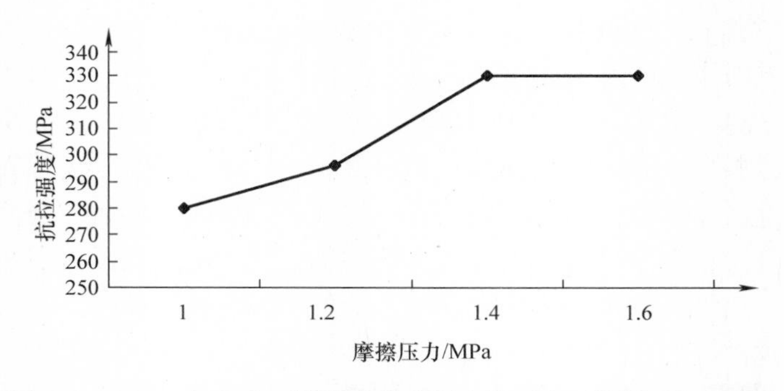

图 7-10　2A14 铝合金顶锻式摩擦塞焊摩擦压力对抗拉强度的影响

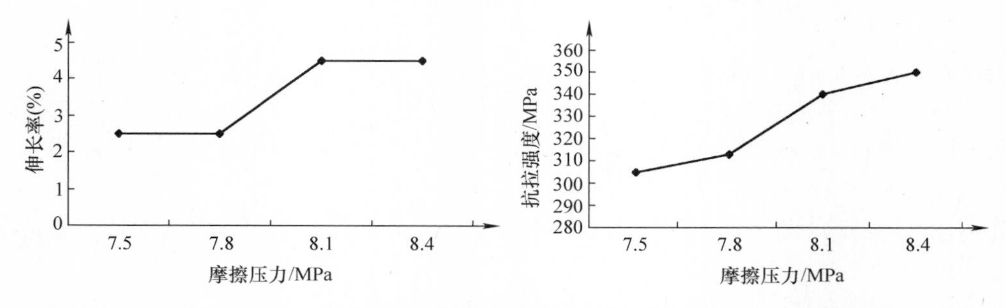

图 7-11　2219 铝合金拉锻式摩擦塞焊摩擦压力对抗拉强度和伸长率的影响

强度和伸长率增加。摩擦压力的提高，增加了摩擦热的产生，接触界面加热充分，塑性层的厚度加大，界面间的分子达到了有效结合。但摩擦压力与设备的负载等有关，不能无限制地增加。而且摩擦压力过大也会造成局部过热现象，引起塞棒的缩颈，导致未焊合缺陷的产生。因此，拉锻式摩擦塞焊时，摩擦压力和摩擦时间等焊接参数范围比顶锻式摩擦塞焊的焊接参数范围窄，这主要是因为当摩擦压力和摩擦时间过长时，会引起塞棒的缩颈现象，产生未焊合缺陷。

（4）摩擦时间　摩擦时间对接头性能的影响与摩擦压力的影响非常相似，两者均通过影响焊接温度场而影响接头性能。从图 7-12 中可以看出，2A14 铝合金进行顶锻式摩擦塞焊时，接头抗拉强度随摩擦时间的增加而增强。若摩擦压力低，摩擦时间短，则界面加热不充分，塞棒与塞孔界面间的摩擦产热不能满足焊接要求，容易产生未焊合缺陷。但是如果摩擦时间过长，则会出现高温区金属过热的现象，易产生变形和飞边，消耗的材料也多。

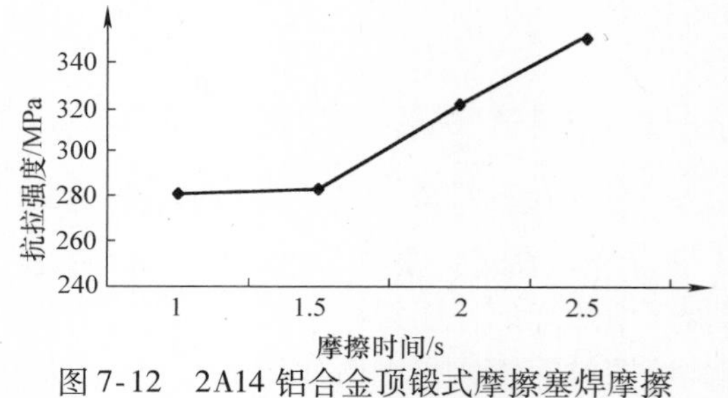

图 7-12　2A14 铝合金顶锻式摩擦塞焊摩擦时间对抗拉强度的影响

摩擦时间对拉锻式摩擦塞焊接头的抗拉强度的影响也十分明显。从图 7-13 中可以看出，随着摩擦时间的增加，2219 铝合金摩擦塞焊焊接接头的抗拉强度达到最高点后开始下降。由于拉锻式摩擦塞焊要依靠塞棒拉杆施加摩擦压力，摩擦时间短，界面加热不充分，接头的温度和温度场无法满足焊接要求，不能得到优良的摩擦塞焊接头，但当摩擦时间过长时，拉杆的心部被加热，拉杆的抗拉强度降低，发生了缩颈塑性变形，严重时拉杆甚至能被拉断，容易造成接头背面的未焊合，降低接头的抗拉强度。

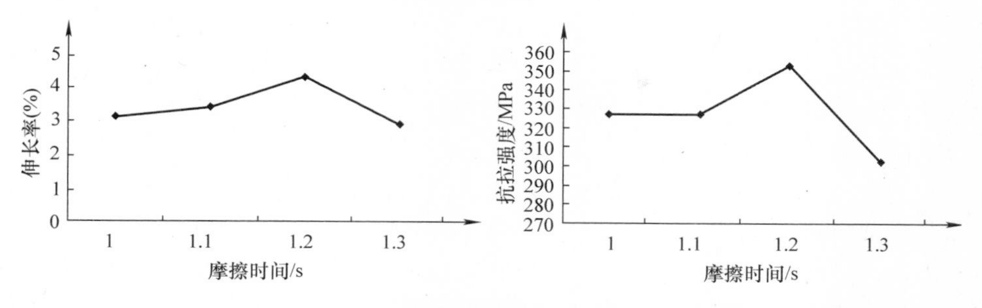

图 7-13　2219 铝合金拉锻式摩擦塞焊摩擦时间对抗拉强度和伸长率的影响

（5）工进速度　工进速度对接头性能也有重要的影响，它主要影响焊接热输入。当工进速度过大时，会导致接头热量不足，塞棒和塞孔之间难以形成塑性金属，易形成未焊合缺陷；当工进速度过小时，接头热量太集中，会产生过热现象。另外，要得到牢靠的焊接接头，必须要有一定的摩擦变形量。工进速度低时，产生的摩擦变形量也比较小，不能将摩擦塑性变形层中的氧化物和夹杂物完全挤出，接头的抗拉强度也会有所下降。图 7-14 所示为 2A14 铝合金顶锻式摩擦塞焊时工进速度与接头抗拉强度之间的关系。从图中可以看出，随着工进速度的提高，摩擦塞焊接头的抗拉强度具有升高的趋势。但焊接工进速度过高，会导致焊接热输入不足，产生未焊合缺陷。

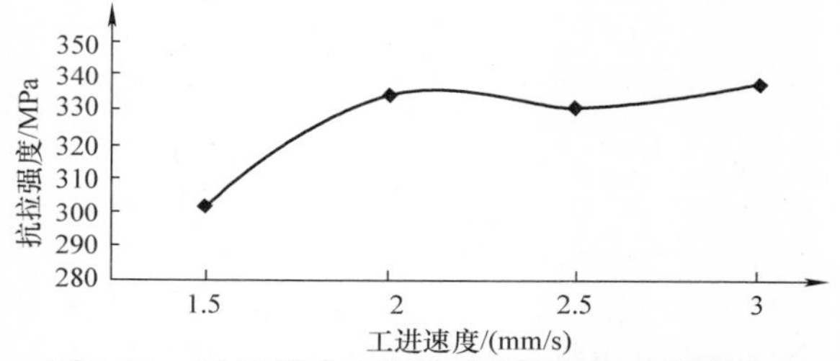

图 7-14　2A14 铝合金顶锻式摩擦塞焊工进速度对抗拉强度的影响

从图 7-15 中可以看出，工进速度对拉锻式摩擦塞焊接头抗拉强度也有比较大的影响。随着工进速度的提高，2219 铝合金摩擦塞焊接头的抗拉强度具有升高的趋势，当工进速度过大时，接头抗拉强度和伸长率降低。这是因为要得到牢靠的焊接接头，必须要有一定的摩擦变形量，工进速度低，产生的摩擦变形量也比较小，不能将摩擦塑性变形层中的氧化物和夹杂物完全挤出。但焊接工进速度过高，会导致焊接热输入不足，产生未焊合缺陷。

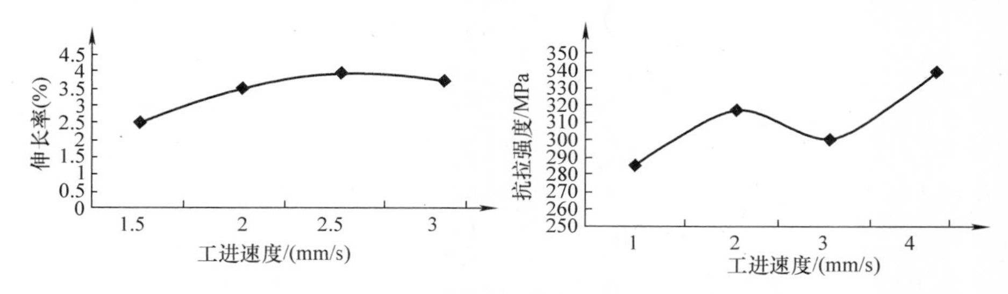

图 7-15　工进速度对 2219 铝合金拉锻式摩擦塞焊接头抗拉强度和伸长率的影响

另外，在摩擦塞焊焊接过程中，还需要注意摩擦压力和工进速度的匹配问题。若摩擦压力设定的过高，工进速度低，由于材料变形的速度大于工进速度，不能完全施加摩擦压力，降低了摩擦热量的产生。当工进速度过高时，会因为焊接过程的产热不足，造成接头底部或顶部出现未焊透缺陷，引起接头抗拉强度和伸长率的降低。

（6）顶锻压力　顶锻压力即塞棒急停后使塞棒和塞孔紧密贴合的力，也称之为保压压力。顶锻作用是挤出材料摩擦塑性变形层中的氧化物和其他有害夹杂物，并使焊缝得到锻压，结合牢靠，晶粒细化，有助于形成致密良好的焊缝。从图 7-16 中可以看出，顶锻压力对塞焊接头的抗拉强度影响不明显，说明在设定的压力范围内就可以形成致密的焊接接头。如果继续升高顶锻压力，接头的抗拉强度有降低的趋势，这是因为顶锻压力是塞棒急停后施加的拉锻力，当顶锻压力过大时，会将刚刚形成的塞焊接头重新拉断（或顶断），或使塞棒在拉锻力的作用下发生塑性变形，导致缩颈现象的产生，形成接头顶部或底部未焊透缺陷，导致焊接失败或焊接质量的降低。

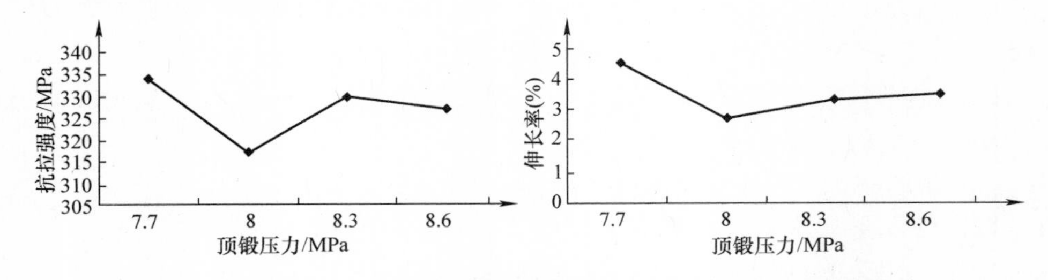

图 7-16　顶锻压力对拉锻式摩擦塞焊接头抗拉强度和伸长率的影响

（7）顶锻时间　顶锻时间是指塞棒在急停制动后顶锻压力保压的时间。足够的顶锻时间可以实现塞孔与塞棒的致密连接，这是形成高质量接头的重要保证。但是，接头的冷却时间非常短，因此过长的顶锻时间对接头的抗拉强度影响不大，只要满足其最低顶锻时间即可。从图 7-17 中也可以看出，顶锻时间对摩擦塞焊接头的抗拉强度影响不明显，说明在 3s 的时间范围内就可以形成致密的焊接接头，继续加长顶锻时间，对接头的抗拉强度影响也不大。

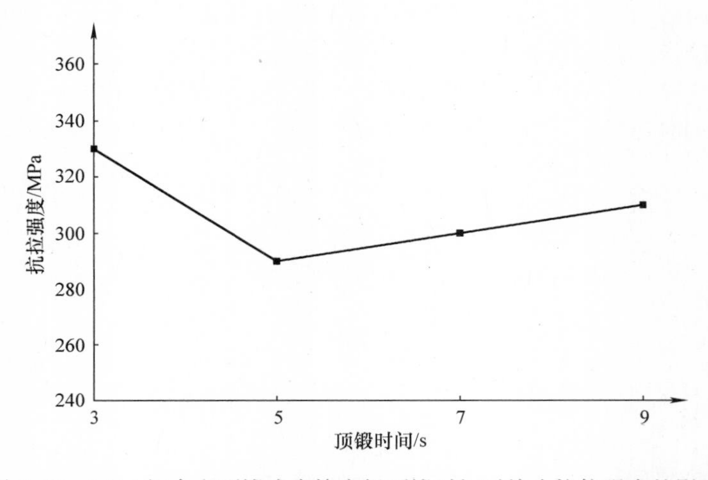

图 7-17　2A14 铝合金顶锻式摩擦塞焊顶锻时间对接头抗拉强度的影响

（8）摩擦塞焊焊接参数范围　铝合金进行摩擦塞焊焊接时，一般情况下，旋转速度都采用设备允许的最大值，急停时间采用设备允许的最小值。对于薄板及中等厚度的铝合金板材顶锻式摩擦塞焊来说，其焊接参数范围见表 7-3，拉锻式摩擦塞焊焊接参数范围见表 7-4。

表 7-3　薄板及中等厚度的铝合金板材顶锻式摩擦塞焊参数

参数	锥角/(°)	旋转速度 R/(r/min)	摩擦压力 /MPa	摩擦时间 /s	顶锻压力 /MPa	顶锻时间 /s	工进速度 /(mm/s)	急停时间 /s
范围	50 ~ 60	2000	1.4 ~ 1.6	2 ~ 3	1.5 ~ 2	3 ~ 5	3 ~ 4	0.2

表 7-4　薄板及中等厚度的铝合金板材拉锻式摩擦塞焊参数

参数	锥角 /(°)	旋转速度 R/(r/min)	摩擦压力 /kN	摩擦时间 /s	顶锻压力 /kN	顶锻时间 /s	工进速度 /(mm/s)	急停时间 /s
范围	45 ~ 55	3600	42 ~ 44	1.0 ~ 1.2	42 ~ 44	3 ~ 5	130 ~ 150	0.2

7.6　孔洞型缺陷处理工艺

孔洞和隧道缺陷的形成与焊接时热输入的大小及热量的分布有关。该缺陷为焊缝内部缺陷，对焊接接头的性能影响较大。焊接时，搅拌头周围形成了一层很薄的热塑性层。当搅拌头向前移动时，搅拌头的背后则形成空腔，由于夹具垫板和搅拌头轴肩的密封、挤压作用，产生塑性流变的金属向后流动并充满空腔，实际上，空腔的产生与填满几乎是同时发生的，即搅拌摩擦焊焊缝的形成是一个空腔不断产生，并被填满的连续过程。若空腔不能及时被填满，则焊后焊缝内部就会留下孔洞；连续的孔洞表现为隧道型缺陷。

形成焊缝内部隧道型缺陷的另一个因素是工件厚度方向上的不均匀产热。因为在焊缝的上表面，除了搅拌针对焊缝金属产生搅拌摩擦外，轴肩对焊缝上表面也产生摩擦，使得焊缝上表面的温度更高，这部分金属先达到塑性并融合在一起；而沿厚度方向，由于垫板的传热，其散热能力逐渐增加。若摩擦热量不足，塑性流动不充分，在搅拌头的后方就会留下孔洞。在其他条件不变的情况下，随着转速的提高，摩擦热不断增大，热塑性区由上表面向下表面逐渐延伸，使得焊缝中的孔洞逐渐减小直至消失。

综上所述，可以看出避免孔洞型缺陷产生的关键在于设计合理的搅拌头以及焊接参数，并从工艺上控制焊接过程，使得焊缝金属的塑性流动处于合理状态，力传递和热传导保持均匀状态。

在修复孔洞型缺陷时，可采用比原搅拌头轴肩直径大 2 ~ 3mm 的搅拌头，搅拌针长度缩短 0.1 ~ 0.2mm，以保证焊接时的下压量。修补时采用反方向焊接，焊接速度适当降低。

本章知识点和技能点

1. 知识点

了解搅拌摩擦焊接头中常出现的飞边、沟槽、孔洞、未焊透和弱结合等缺陷发生的原因以及对缺陷处理的方法。

2. 技能点

对于不同材料的焊接和不同焊接参数的焊接过程，缺陷的产生是多种因素共同作用的结果，掌握几类常见的缺陷处理工艺。

第 8 章 搅拌摩擦焊工艺评定及标准

本章重点

工艺评定的项目确定及实施过程。

8.1 工艺评定

8.1.1 工艺评定目的

工艺评定是为验证所拟定的焊接接头焊接工艺的正确性而进行的试验过程及评价。焊接工艺评定是保证焊接质量的重要措施，它能确认为各种焊接接头编制的焊接工艺指导书的正确性和合理性，同时评定实施单位是否有能力生产出符合相关国家或行业标准、技术规范所要求的焊接接头；通过焊接工艺评定检验拟定的焊接工艺所焊接的焊接接头的使用性能是否满足设计要求，为编制正式的焊接工艺指导书及工艺卡提供有力的依据。

8.1.2 工艺评定流程

随着搅拌摩擦焊的应用越来越广泛，对一些比较复杂的产品，往往需要多种焊接接头才能完成产品的制造，有些产品甚至需要多种不同的焊接工艺和生产方法完成。企业项目负责人或焊接工程师需根据产品的接头形式、焊接母材型号、厚度及产品所要求的技术规范，以及国际、国家或行业标准来确定工艺评定的项目。

企业焊接工艺评定一般按照如下流程执行（见下页流程图）。

8.2 工艺评定标准

8.2.1 国际标准

1. 适用范围

依据国际系列标准编制，适用于铝及其合金搅拌摩擦焊（FSW）的焊接工艺规程及评定的要求，不适用于搅拌摩擦焊点焊（辅助要求、材料或制造条件可根据需要要求更加全面的测试）。

2. 焊接应用及工艺规程

焊接生产前应进行焊接工艺验证。企业根据以往的产品生产经验和焊接技术基本知识，编制适用于实际焊接的预焊接工艺规程（pWPS）。预焊接工艺规程应包括以下内容：

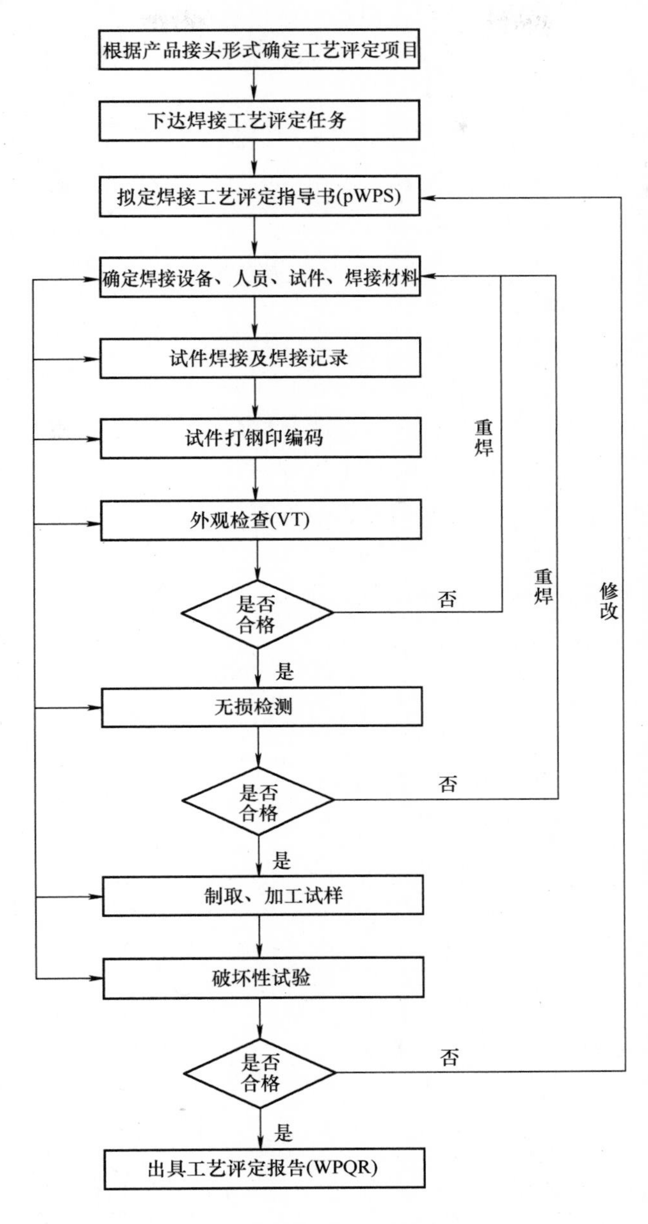

1）制造商的信息：如制造商的名称、pWPS 编号等。

2）母材、热处理状态和参考标准：焊接接头各组成部分的厚度、管外径等。

3）设备标识：型号、编号、制造商等。

4）搅拌头标识：材料、图样或图样编号等。

5）夹紧装置：夹具、固定装置、滚轴、背垫的类型和方法（几何尺寸和材料），如果有定位焊，应包含定位焊的过程和条件——pWPS 应注明所需的定位焊或不允许的定位焊。

6）接头设计：焊接接头设计和尺寸的草图、焊接顺序和焊接方向、尾孔的位置等。

7）接头准备和清洁方法。

8）焊接细节：搅拌头运动、搅拌头冷却、倾角、起始停留时间、收尾停留时间等。

9）焊接速度。

10）焊接位置。

11）焊前热处理、预热温度、预热保持温度、层间温度（需要时）。

12）保护气体。

13）焊后处理：固溶处理、时效、应力消除（或矫正工件的方法）、清除飞边，或其他任何焊后对焊缝处理的过程、焊后热处理。根据相关标准对焊后热处理或时效的温度范围和最少的时间等信息进行说明。

3. 预焊接工艺规程（pWPS）格式

预焊接工艺规程（pWPS）

pWPS 编号：________　　WPRQ 编号：________

搅拌摩擦焊焊工姓名：________　　母材类型、回火状态和参考标准：________

母材厚度（mm）：________　　管外径（mm）：________

设备标识（样式、序列号、生产商）：________

搅拌针标识草图（如果需要）：

夹具装置草图（如果需要）：

定位焊：________　　接头准备和清洗方法：________

接头设计：

接头设计和焊接顺序：

草图（如果需要）：

焊接细节

焊道	搅拌头转速/(r/min)	扎入深度/mm或轴向力/kN	倾斜角度/(°)	侧面的倾斜角/(°)	停留时间/s	焊接速度/(mm/min)	其他

焊接位置：________　　焊前热处理：________

预热温度（℃）：________　　预热保持温度（℃）：________

层间温度（℃）：________

保护气体：________　　名称：________　　气体流量（L/min）：________

焊后处理过程：________　　焊后热处理：________

时间、温度、方法：________　　加热和冷却速率：________

其他信息（如果需要）：________

制造商（名称、日期、签名）：________

4. 试件准备

试件准备的一般原则如下：

1）试件应具有足够的尺寸或数量以确保进行所有要求的试验。

2）为了做额外的试验或重新试验，可以制备附加试件或补充试验。

3）试件的轧制或挤压方向需要在试件上进行标记。

（1）全焊透的板对接焊缝　试件尺寸应按照图 8-1 准备。

（2）全焊透的管对接焊缝　试件尺寸应按照图 8-2 准备。

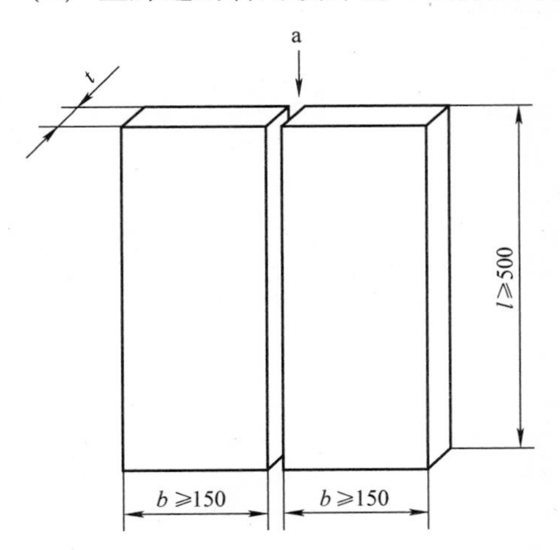

图 8-1　全焊透的板对接焊缝试件

b—组件的宽度　l—组件的长度　t—材料厚度

a—接头制备及组装按预焊接工艺规程（pWPS）

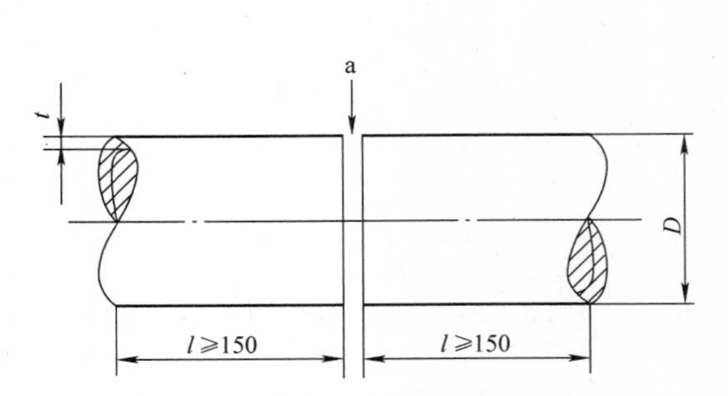

图 8-2　全焊透的管对接焊缝试件

D—管外径　l—组件的长度　t—材料厚度

a—接头制备及组装按预焊接工艺规程（pWPS）

（3）搭接接头　试件尺寸应按照图 8-3 准备。焊缝可能是部分或完全熔合。

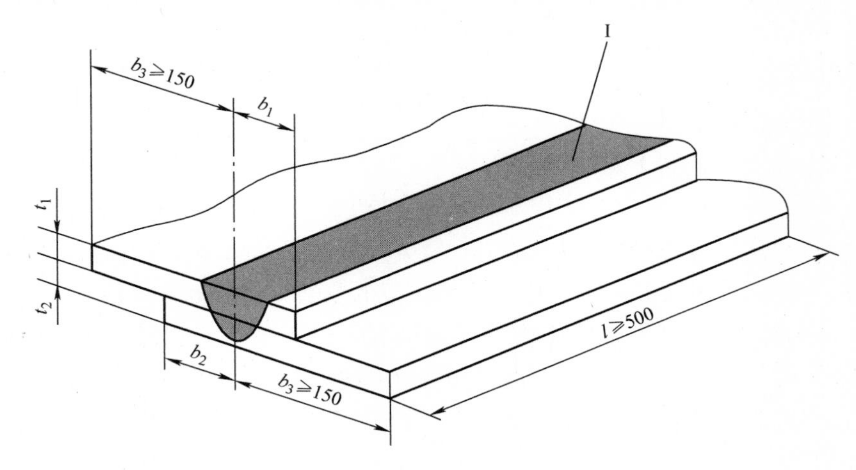

图 8-3　搭接接头试件

I—焊缝　b_1—焊缝中心线到上板边缘的距离，与 pWPS 一致　l—试件长度　t_1—上板工件厚度

b_2—焊缝中心线到下板边缘的距离，与 pWPS 一致　b_3—焊缝中心到工作试件边缘的距离　t_2—下板工件厚度

5. 试件的焊接

试件根据 pWPS 进行焊接。如果实际生产中接头的定位焊缝在搅拌摩擦焊过程中被覆盖掉，那么试件上也需要包含这种定位焊缝，且定位焊缝的位置需要清楚地标注在试件上。

试件的焊接应在监督下进行，焊接过程中的细节需进行记录。

6. 标准试样的检查和试验

检查包括无损检测（NDT）和破坏性试验。试件应按照表 8-1 和表 8-2 进行检测，且检测应在监督下完成。

表 8-1　对接接头的试样检测（见图 8-1 和图 8-2）

检测类型	检测范围
外观检测	100%
横向拉伸测试	2 个试样
锻造材料的横向弯曲试验（参照 ISO 5173） 铸造材料或锻造/铸造组合断裂测试（参照 ISO 9017）	2 个背弯试样 2 个面弯试样
宏观金相	1 个试样
额外的测试（如非破坏性的）	如果需要

注：1. 试验应避免在图 8-4 所示的废除区域内进行。

2. 如果可以，管的对接接头至少有一个横向拉伸试样在图 8-5 所示中“a”区域内取样。

3. 当试样厚度 $t \geqslant 12$mm 时，可以用 4 个横向侧弯试样代替 2 个背弯和 2 个面弯试样。1 个纵向面弯和 1 个纵向背弯试样可以代替 4 个横向弯曲试样。

4. 按照设计规范的有关规定进行。

表 8-2　搭接接头的试样检测（图 8-3）

检测类型	检测范围
外观检测	100%
宏观金相	2 个试样
额外的测试（例如剥离试验、剪切试验、 摆锤 S 弯曲试验、非破坏性测试）	如果需要

注：1. 试验应避免在图 8-6 所示的废除区域内进行。

2. 按照设计规范的有关规定，应进行额外的测试。图 8-11 中给出锤击 S 形弯曲试验的信息。

包含有定位焊缝或者管对接接头的开始/结束区域的工件的检验和测试应符合设计规范。对特殊要求的产品、材料或制造条件应进行更全面的测试以获得更多的信息。

（1）无损检测　试件在取样前必须做无损检测。根据接头的几何形状、母材和工作要求，按照国际标准［ISO 3452（PT）、ISO17636（RT）和 ISO 17640（UT）］进行。如果对焊件的完整性有严格的要求，具体的检测方法需要提升（如相控阵超声波检测或涡流检测）。

（2）外观检测　工件在取样前应按照国际标准 ISO 17637 进行外观检测，检测范围应符合表 8-1 和表 8-2 要求。外观检测可参照表 8-3。

表 8-3　缺陷、测试和检验、承受级别

缺陷名称	图样	ISO 25239—4 中的测试与检验	承受级别
表面缺陷			
根部未焊透	t　h	ME	不允许

（续）

缺陷名称	图样	ISO 25239—4 中的测试与检验	承受级别
表面缺陷			
焊穿	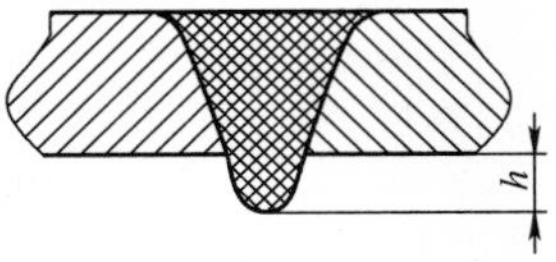	VT、ME	$h \leqslant 3$mm
飞边	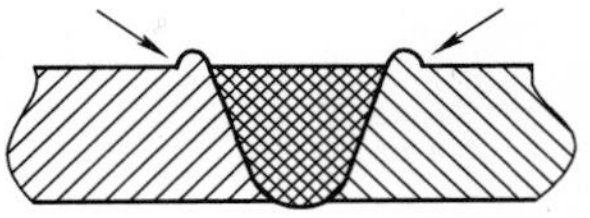	VT、ME	—
错边	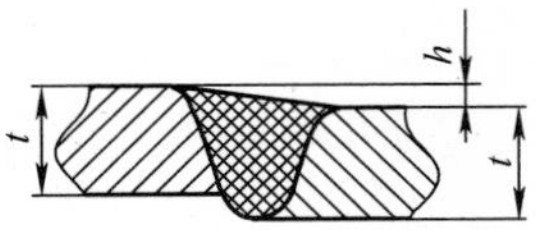	VT、ME	$h \leqslant 0.2t$ 或 2mm，以较少者为准
减薄量	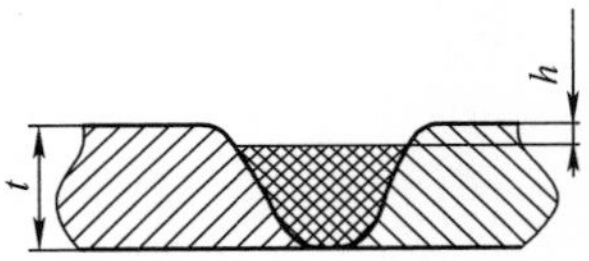	VT、ME	当 $t \geqslant 2$mm：$h \leqslant 0.2$mm $+0.1t$；当 $t < 2$mm 时 $h \leqslant 0.15t$
焊缝宽度不规律	焊缝宽度过宽	VT	—
焊缝表面不规律	焊缝表面粗糙	VT	—
内部缺陷			
孔洞	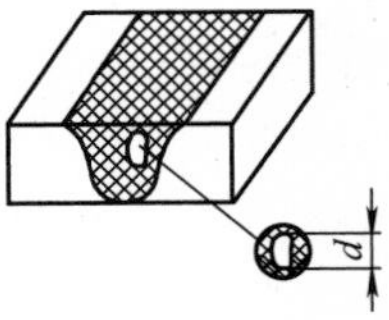	ME	$d \leqslant 0.2s$ 或 4mm，以较少者为准
界面畸变	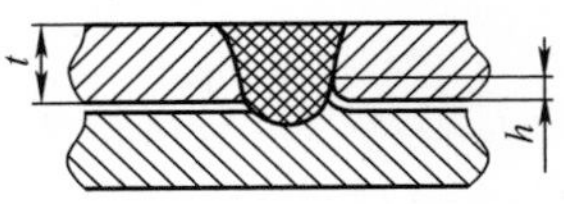	ME	—

符号、缩略语及定义：

d—横截面的腔体尺寸（mm），h—缺陷的高度（mm），s—对接接头的厚度（mm），t—母材厚度（mm），ME—宏观试验，VT—目测，缺陷—在焊接接头中因焊接产生的金属不连续、不致密或连接不良的现象。

注：1. 其他缺陷的检测与检验和它们的承受等级应与相关规定或设计规程一致。

2. 承受等级应限制在相关规定或设计规程中。

（3）破坏性试验　取样位置应根据图 8-4、图 8-5、图 8-6 的位置执行。取样时可避开有缺陷的区域，在外观检测允许的范围内取得试样用来检测。

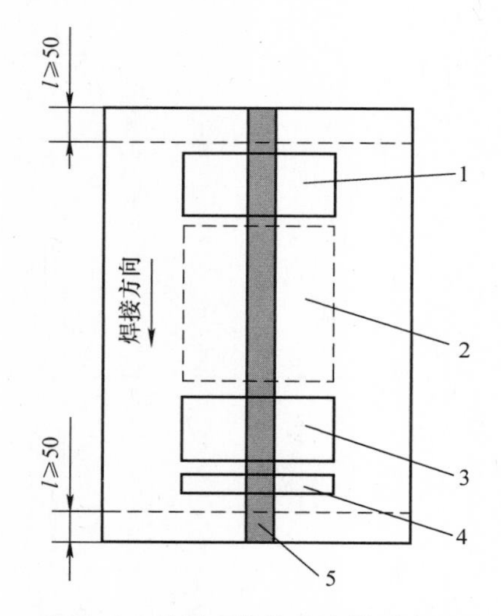

图 8-4 板材对接接头取样示意图

1、3—1 个拉伸试样、弯曲试样或断裂试样
2—额外的测试试样 4—1 个宏观试样 5—焊缝
l—焊缝两端应去除长度

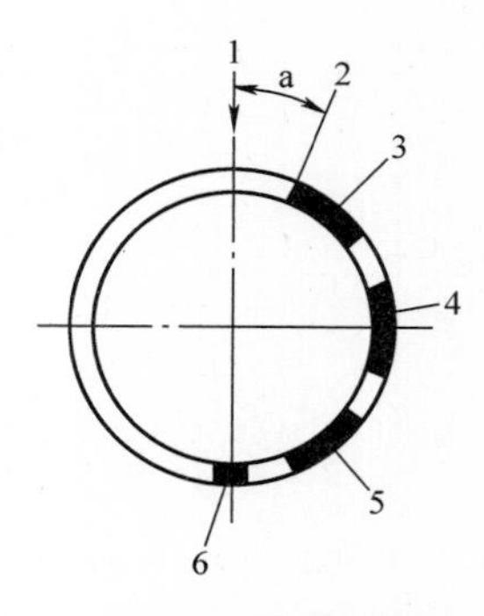

图 8-5 管材对接接头取样示意图

1—开始区 2—结束区 3、5—1 个拉伸试样、弯曲试样或断裂试样 4—额外的测试试样
6—1 个宏观试样 a—如果可能，在焊缝重叠区取一个拉伸试样

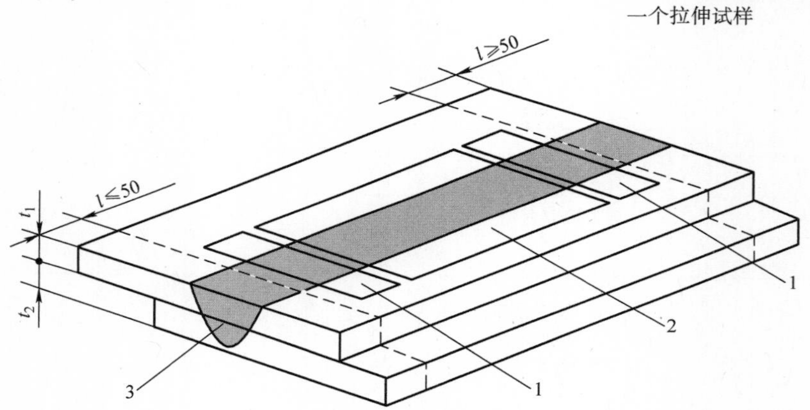

图 8-6 搭接接头取样示意图

1—2 个宏观试样 2—剥离试验、剪切试验、“S”型弯曲试样（如果需要） 3—焊缝 l—焊缝的两端应去除长度

1）拉伸试验。除非测试试样需要表面保持焊接状态，对接接头横向拉伸试验试样按表 8-4 和图 8-7、图 8-8 执行，且试样的制备不允许采用剪切或热切割方法，只能采用机械加工方法。

表 8-4 板及管板状试样的尺寸 （单位：mm）

名称		符号	尺寸
试样总长度		L	适用于所用的试验机
夹持端宽度		B	$b+12$
平行长度部分的宽度	板	b	12（$t\leqslant2$）；25（$t>2$）
	管子	b	6（$D\leqslant50$）；12（$50<D\leqslant168$）；25（$D>168$）
平行长度		L_C	$\geqslant L_S+100$
过渡弧半径		r	$\geqslant25$

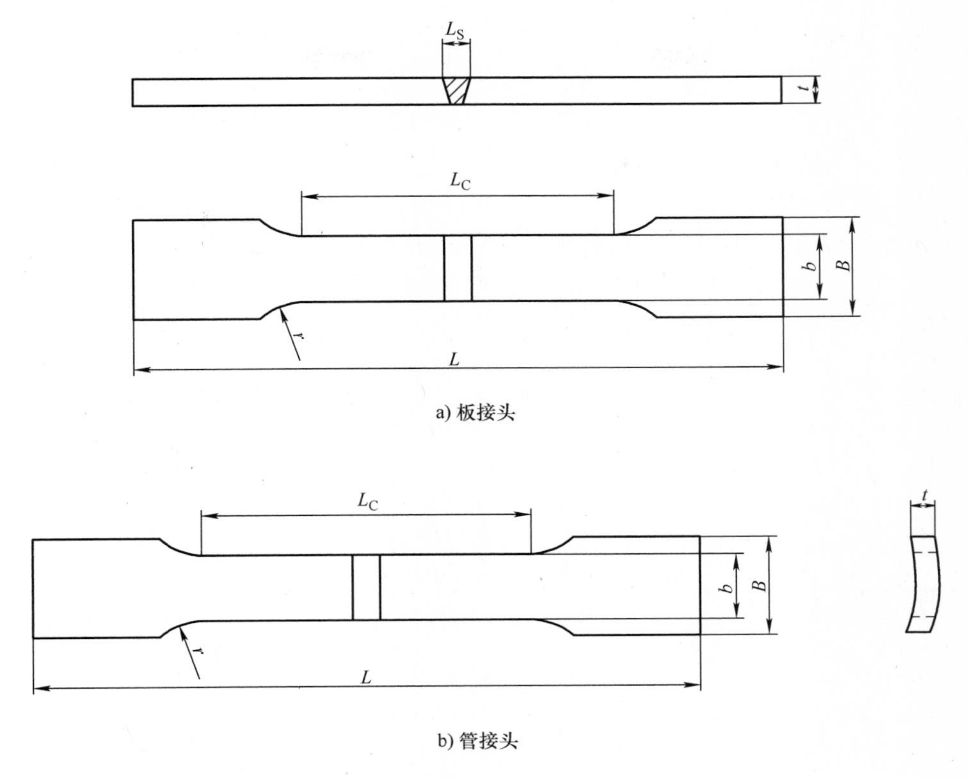

图 8-7　板和管接头板状试样

试样的厚度 t_s 一般应与焊接接头处母材的厚度相等，如图 8-8a 所示，当相关标准要求进行全厚度（厚度超过 30mm）试验时，可从接头截取若干个试样覆盖整个厚度，如图 8-8b 所示。在这种情况下，试样相对接头厚度的位置应做记录。

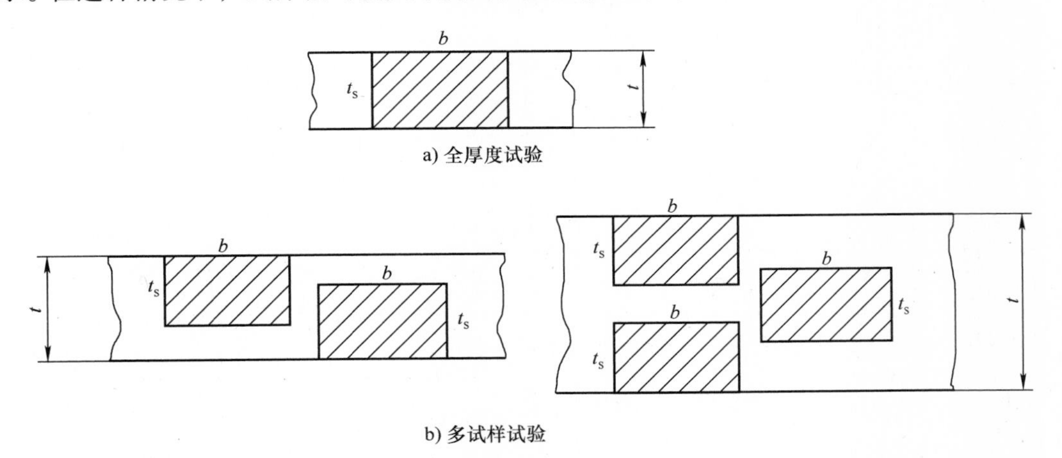

图 8-8　试样位置示例

注：试件可以相互搭接

试样的极限抗拉强度不得比相关标准说明的所需相应母材的最低值小（表 8-5）。

对热处理合金，焊接试件的规定抗拉强度 $\delta_{min.w}$ 应当符合下列最低要求：

$$\delta_{min.w} = \delta_{min.pm} \cdot f_e \tag{8-1}$$

式中 $\delta_{min.pm}$——相关国际标准中规定的母材所需的最小的抗拉强度（MPa）；

f_e——接头强度效率系数（见表 8-5）。

对于不同种类铝合金的组合，需要两种合金 $\delta_{min.w}$ 中的较低值。为了确定与表 8-5 中的 f_e 值的符合性，通过式（8-1）计算的 f_e 值需要按照国际标准方法进行四舍五入。

表 8-5 对接接头抗拉强度效率系数

材料	母材焊前热处理状态	焊后状态	接头强度效率系数 f_e
纯铝	所有状态	焊后状态	1.0
非热处理合金	所有状态	焊后状态	1.0
热处理合金	T4	自然时效	0.7
	T4	人工时效	0.7
	T5 和 T6	自然时效	0.6
	T5 和 T6	人工时效	0.7

注：1. 参照 ISO 2107。

2. 对于母材，表格中没有列入的其他热处理状态，$\sigma_{min,w}$ 与设计规范一致。

3. 时效处理应与设计规范保持一致。

4. $\sigma_{min,pm}$ 是基于完成退火状态下的最小抗拉强度，与试验中实际的母材热处理状态无关。

5. 通过焊后热处理可以达到更高的性能，$\sigma_{min,w}$ 需与设计规范一致。

2）弯曲试验。试样的前进侧和后退侧都应在试样上标注，且试样的制备只能采用机械加工方法。

① 试样截取位置如图 8-9 所示阴影部分，试样厚度 t_s 应等于焊接接头处母材的厚度。当对应的标准要求对整个厚度（30mm 以上）进行试验时，可以截取若干个试样覆盖整个厚度，此时试样在焊接接头厚度方向位置应做标识。

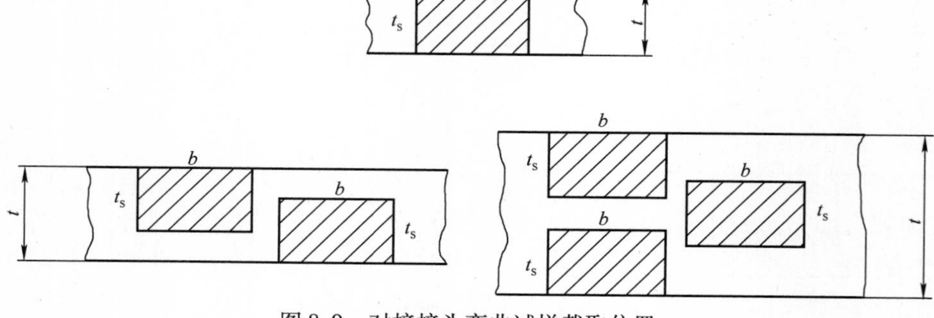

图 8-9 对接接头弯曲试样截取位置

② 对接接头侧弯试样截取如图 8-10 所示，试样宽度 b 应等于焊接接头处母材的厚度。试样厚度 t_s 至少应为 12 mm ±0.5mm，且试样宽度应大于或等于试样厚度的 1.5 倍。当焊接厚度超过 40mm 时，允许从焊接接头截取几个试样代替一个全厚度试样，试样宽度 b 的范围为 20～40mm。此种情况，试样在焊接接头厚度方向位置应做标识。

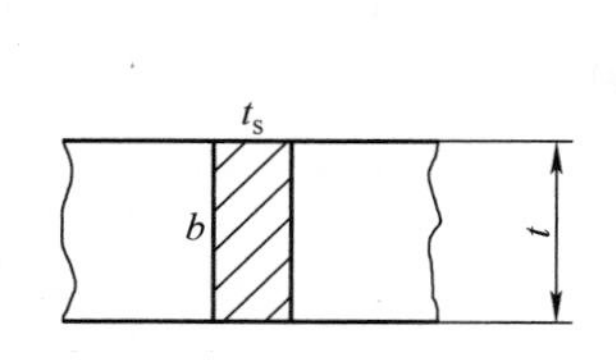

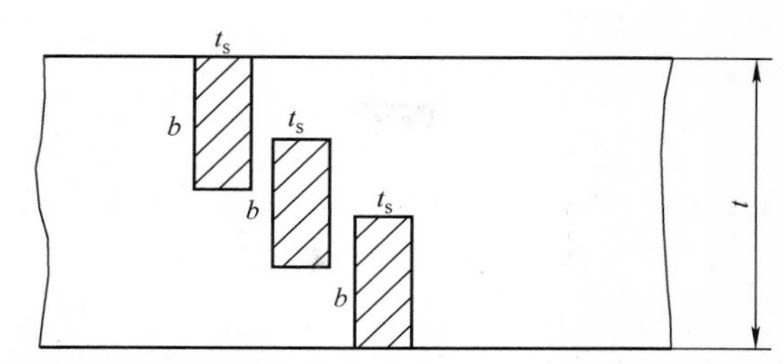

图 8-10　对接接头侧弯试样截取位置

③ 弯曲试样尺寸：

长度：满足标准要求。

厚度：满足 2）中①、②要求。

宽度：铝、铜及其合金板试样宽度 b 应不小于 $2t_s$，最小为 20mm；管径≤50mm 时，管试样宽度 b 最小应为 $t_s+0.1D$（最小为 8mm）；管径 >50mm 时，管试样宽度 b 最小应为 $t_s+0.05D$（最小为 8mm，最大为 40mm）；侧弯试样的宽度一般等于焊接接头处母材的厚度。

④ 试验。对于所有的母材，最小的弯曲角度应是 150°，基于母材伸长率计算的直径按如下公式进行使用：

当母材伸长率 >5% 时，

$$d = \frac{100 \times t_s}{\Delta l} - t_s \tag{8-2}$$

式中　d——最大的弯心直径（mm）；

t_s——弯曲试样的厚度（包括侧弯）（mm）；

Δl——母材最小伸长率，由材质证明书中提供（不同的合金组合，应使用最小值）（%）。

对于母材伸长率≤5%，试验前进行退火处理，伸长率按照完全退火状态取值计算出弯曲直径。

如果在退火过程中晶粒长大而导致弯曲试验失败，应按照表 8-1 进行附加弯曲试验，新的试验参数需要参照设计规范。

d 值应四舍五入到整数；可以用更小的弯曲直径。

试验期间，试样不能在任何方向出现单个 3mm 以上的缺陷，而在试样四周出现的裂纹，如果可以证明是由于未焊透或孔洞造成的，则可以忽略该情况。

⑤ 搭接焊缝摆锤 S 形弯曲试验

搭接焊缝的摆锤 S 形弯曲试验已经被证明是一个有效的测量焊缝是否有缺陷的方法，例如板材变薄或弯曲。由于这是一个定性试验，从焊缝的中心到夹具的合适距离应进行调整，以补偿被测试材料的厚度及延展性的不足。对于韧性更好的材料，焊缝中心到夹具的距离可以小于韧性差的材料。

摆锤 S 形弯曲试验要求测试两个试样，第一个试样的测试前进侧更靠近摆锤（见图 8-11a）。第二个试样的测试后退侧更靠近摆锤（见图 8-11b）。

本测试不能取代其他的定量测试。

3）宏观金相。试样的制备应满足检测需求，试样的一侧应清晰呈现焊缝区域。

检测需包含未受影响的母材，特定合金要小心腐蚀以避免产生腐蚀裂纹。腐蚀时应注意

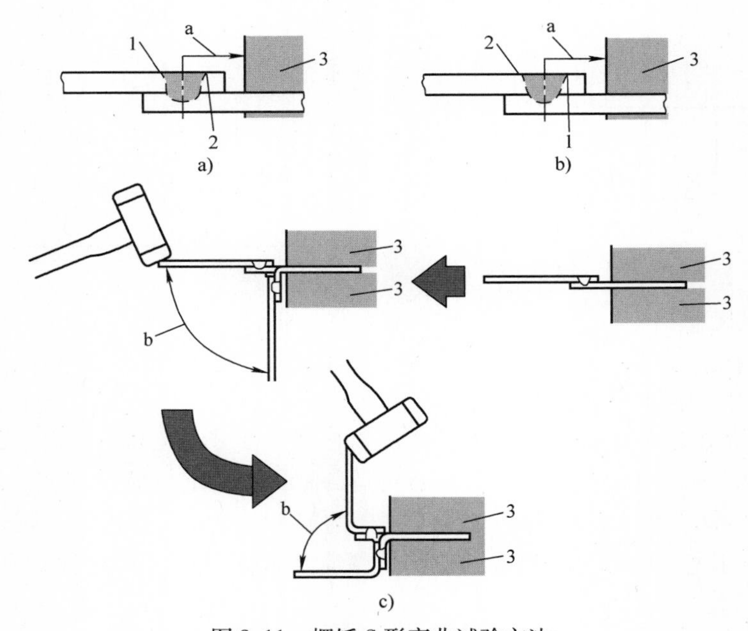

图 8-11　摆锤 S 形弯曲试验方法

1—焊缝前进侧　2—焊缝后退侧　3—夹具　a—夹具边缘到焊缝中心的距离　b—摆锤的方向

注：箭头指示测试顺序。

避免产生假象。

表 8-3 中的缺陷所对应的承受级别均适用，其他缺陷应在有关要求或设计规范的规定范围内。

4）补充试验。如果试样不能满足 8.2.1 中“6. 标准试样的检查和试验”的“（2）外观检测”要求，要再制一个试样做同样的检查，如果这一额外测试仍不能按要求通过，则测试不通过。

如果试样仅仅因为焊缝缺陷不能按 8.2.1 中“6. 标准试样的检查和试验”的“（3）破坏性试验”通过检测，需要重新截取两个试样来测试。如果有足够的材料，额外试样要从原试件截取，若没有则使用新的试件。每个新的试样应进行与不合格试样相同的测试，存在一个新试样没有达到要求，则测试不通过。

7. 认证范围

以下给出的 1）、2）、3）、4）四个条款都应该遵守。增加、删减或更改规定的范围需要进行一个新的焊接工艺评定。

1）制造商。生产企业通过资格测试后，可以在其技术和质量控制范围内的车间或现场进行焊接作业。制造商对焊接全程负责，焊接过程要求是在相同的技术和质量控制条件下进行的。

2）预热温度。预热温度上限要在焊接工艺评定开始时制定，下限按照合格的焊接工艺规程指定，比上限温度低 30℃。

3）层间温度。规定的上限温度是焊接工艺评定过程中达到的最高层间温度，下限按照合格的焊接工艺规程所指定，比上限温度低 30℃。

4）其他变量。其他变量范围的制定需遵照合格的焊接工艺规范。

8. 焊接工艺评定报告

焊接工艺评定报告（WPQR）是评定每个标准试样检验结果的总结报告，同时应包含合格的 WPS 中列出的相应条款，以及不符合 8.2.1 中“4. 试件准备”要求的详细情况。如果试验合格，应由试验人员或机构签名及日期，出具焊接工艺评定报告（WPQR）。此外，pWPS 得到确认后，那么 WPS 也是被认可的。

WPQR 标准格式如下：

（WPQR）焊接工艺评定编号格式

焊接工艺评定一测试证书

制造商：____________________　地址：____________________

pWPS 编号：____________________

WPQR 编号：____________________

考官或考试机构：____________________

文件编号：____________________

检测标准：____________________

焊接日期：____________________

搅拌摩擦焊焊工姓名：____________________

母材类型和参考标准：____________________

母材厚度（mm）：____________________

管外径（mm）：____________________

接头设计（草图）：

焊后热处理：____________________

其他信息____________________

下示签名证明焊接准备、焊接和测试按照如上所述的检测标准的要求圆满完成。

位置　　　　　发行日期

考官或考试机构：____________________

名称、日期、签名：__________________打印名字和日期：____________________

焊接试验记录

制造商：____________地址：____________

pWPS 编号：____________

WPQR 编号：____________

考官或考试机构：____________

文件编号：____________

搅拌摩擦焊焊工姓名：____________

母材类型和参考标准：____________

母材厚度（mm）：________管外径（mm）：________

设备标识：____________

搅拌针识别草图（如果需要）：

夹紧装置草图（如果需要）：

定位焊：____________

接头准备和清洗方法：____________

接头设计

接头设计与焊接顺序	
草图（如果需要）	

焊道	搅拌针运动转速/(r/min)	扎入深度/mm 或轴向力/kN	倾斜角度/(°)	侧面的倾斜角/(°)	停留时间/s	焊接速度/(mm/min)	其他

焊接细节

焊接位置：____________

焊前热处理：____________

预热温度（℃）：____________预热保持温度（℃）：____________

层间温度（℃）：____________

保护气体：____________名称：____________气体流量（L/min）：____________

焊后处理过程：____________

焊后热处理：____________

时间、温度、方法：____________

加热和冷却速率：____________

其他信息（如果需要）：____________

制造商：____________

考官或考试机构：____________

名称、日期、签名：____________打印名字和日期：____________

测试结果

制造商：____________地址：____________

pWPS 编号：____________

WPQR 编号：____________

测试实验室的证书编号：____________

考官或考试机构：____________

文件编号：____________

目检

可接受	不可接受	报告书编号

宏观检查

可接受	不可接受	报告书编号

破坏性试验

拉伸试验　　要求：是□　　否□

要求 编号	$\sigma_{min.w}$/（N/mm²）	$\sigma_{min.pm}$/（N/mm²）	$f_e\sigma_{min.w}/\sigma_{min.pm}$	断裂位置	备注
1					
2					

$\sigma_{min.w}$：试样的抗拉强度。

$\sigma_{min.pm}$：母材的抗拉强度。

弯曲测试　　要求：是□　　否□

编号	类型		
	弯曲面	前直径 d/mm	结果

其他测试（如果需要）：____________________

备注：____________________

测试进行中的要求按照：____________________

试验报告证书编号：____________________

测试结果：□ 可以接受　　　　　　□ 不可接受

测试现场情况：____________________

考官或考试机构：____________________

名称、日期、签名：____________________打印名字和日期：____________________

8.2.2　国家标准

国家目前尚未对搅拌摩擦焊工艺评定发布相应的标准。

8.2.3　行业内标准

1. 适用范围

依据中车株洲电力机车有限公司《铝合金搅拌摩擦焊工艺规程》编制，规定了铝合金搅拌摩擦焊的一般要求、焊接工艺规程及评定、焊接工艺要求、焊缝检验及焊缝返修。

本标准适用于轨道车辆产品中焊缝质量等级为 CPB 及以下质量等级的铝合金搅拌摩擦焊。

2. 一般要求

焊接应按产品设计文件的要求进行。

1）焊接人员应具备相应的 ISO 14732 焊接操作资质证书，操作前应清楚所焊接头的形式及相对应的焊接工艺规程。

2）焊接设备应满足焊接工艺规程要求，新设备应经过相应的工艺验证，确认设备满足实际焊接需求。

3）焊接环境：铝合金焊接作业区应与其他金属焊接作业区隔离，且焊接设施内防风、防雨，保持干燥、清洁。

3. 搅拌头

新形式搅拌头应经过工艺验证合格后才能使用。搅拌头的使用应具有可追溯性标识，避免在使用过程中新旧混用，在使用过程中应定期对磨损情况进行检查。

4. 焊接工艺规程

焊接工艺验证应在产品焊接前完成，并出具合格的焊接工艺规程（WPS）。焊接工艺评定标准试验的制作需按照预焊接工艺规程（PWPS）的规定制备，且焊接完成后的试样应按照规定的试验方法制作成标准试样。试验结束后，出具焊接工艺评定报告（WPQR）。

（1）焊接工艺规程（WPS） 焊接工艺规程（WPS）作为实施生产的指导文件，应包含满足生产要求的焊接工艺和参数，例如转速、焊接速度、搅拌头规格等。产品生产前应按照焊接工艺规程（WPS）的四个阶段进行评定：

1）制定工艺，出具 pWPS。

2）企业或评定机构使用某一方法进行评定，出具焊接详细试验记录。

3）制定合格的 WPS。

4）按 WPS 要求实施生产。

（2）预焊接工艺规程（pWPS） 预焊工艺规程（pWPS）应包含以下内容：

1）制造商信息：包括评定或检测机构、地点、文件编号、工艺评定编号。

2）母材：母材金属类型及母材金属状态等。

3）设备编号：设备标识等。

4）定位要求：搅拌摩擦定位焊和熔焊定位焊（需要时需详细说明）等。

5）接头图形：焊接接头设计草图和尺寸公差等。

6）接头准备和表面处理：焊缝根部间隙限值，焊缝错边，表面清理要求等。

7）焊接详细参数：如旋转速度、搅拌头规格、焊接速度、轴向力、倾角、停留时间。在搭接接头情况下，标注焊缝起始和结束之间的搭接长度、工件边缘附近的前进侧或后退侧、焊接方向（若需要）。

8）其他：是否焊后加工、矫形，或者其他规范要求。

预焊接工艺规程（pWPS）

版本号：____________

文件编号：____________　　工艺评定编号：____________

地　　点：____________　　评定或检测机构：____________

母材类型和参考标准（S）：____________　　坡口制备和清理：____________

焊接方法：____________　　搅拌头标识：____________

设备标识：____________

焊接准备（简图）：

接头形式	焊接顺序

焊接工艺和参数：

焊道	焊接方法	搅拌针规格		转速/(r/min)	压力/kN	焊接速度/(mm/min)	倾斜角度/(°)	搅拌头旋转方向	侧面的倾斜角/(°)
		针长/mm	轴间直径/mm						

夹紧装置：____________

定位焊：____________

焊接位置：____________

焊前热处理：____________

预热温度：____________

层间温度：____________

焊后处理：____________

焊后热处理：____________

时间、温度、方法：____________

加热和冷却速度：____________

其他内容：____________

编制：____________　　　　校对：____________

审核：____________　　　　批准：____________

5. 标准试样的制备

试样应具有足够的尺寸或数量以确保进行所有要求的试验。考虑到额外的试件或重新测试，试样应比最小要求的尺寸更长。若需要，焊接方向应标记在试板上。

（1）全焊透的板材对接接头　对接接头的准备及组装按焊接工艺规程（pWPS）的规定执行，试件按图 8-12 所示准备。

（2）搭接接头　按照图 8-13 所示准备。

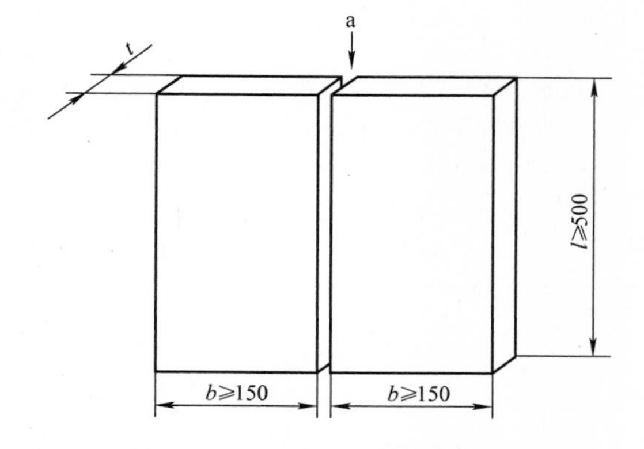

图 8-12　全焊透的板材对接试件

b_{min}—150mm　l_{min}—500mm　t—板厚

6. 标准样的焊接

标准试样预焊的位置及焊接的方向应在试样上清楚标记出来，试样的焊接应在监督下进行。

7. 标准试样的检查和测试

标准试样的检测要求按照表 8-6 和 表 8-7 的要求执行。

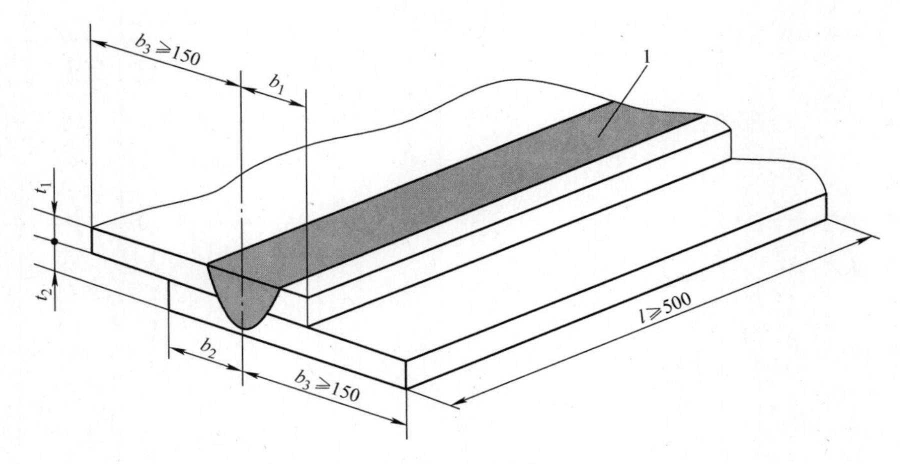

图 8-13　搭接接头试件

l_{min}—500mm　b_{3min}—150mm　b_1—边缘至焊缝的距离

1—焊缝　t_1 和 t_2—板厚　b_1、b_2 最小值为 2 倍轴肩直径

表 8-6　对接接头的试样检测

检测类型	检测程度
外观	100%
横向拉伸试验	2 个试样
横向弯曲试验（对于锻造材料）	2 个背面试样
断裂试验（对于锻造或铸/锻复合材料）	2 个背面试样
宏观金相试验	1 个试样

注：1. 对废除区域（如图 8-14 所示）不作要求。

2. 当试样厚度 $t \geqslant 12$mm 时，用 4 个边弯试样或 2 个纵弯试样代替 2 个背弯和 2 个面弯试样。

3. 本节章节不作介绍。

表 8-7　搭接接头的试样检测

检测类型	检测程度
外观	100%
宏观金相试验	2 个试样
额外试验（如剪切试验，锤击 S 形弯曲试验）	按需要

注：1. 对废除区域（按图 8-15 所示）不作要求。

2. 额外试验按相关或设计要求。

（1）外观检测等级　外观检测按照表 8-3、表 8-4 要求执行。在试样切割前按 ISO 17637 的要求进行判定。熔深过大、飞边、焊接塌陷、宽度不规则及其他外观缺陷应按 ISO 25239－5 要求执行。

（2）破坏性试验　试验试样取样位置按图 8-14、图 8-15 所示在对接接头和搭接接头取样区域内进行取样。

1）横向拉伸试验

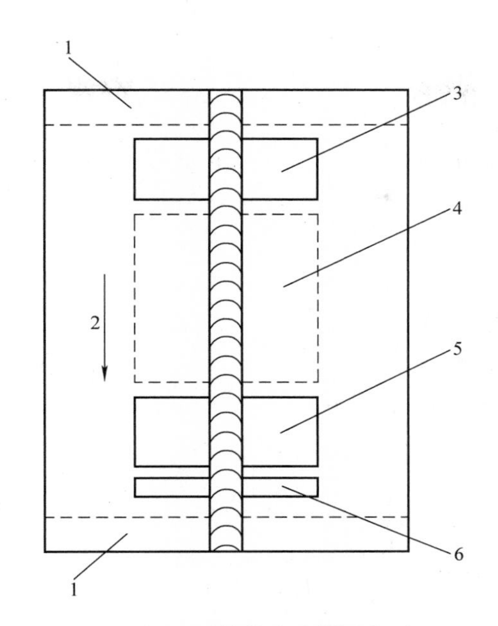

图 8-14　对接接头取样示意图

1—两端头去除至少 50mm　2—焊接方向　3—1 个拉伸试样，弯曲试样或断裂试样　4—额外试样，按需要　5—1 个拉伸试样，弯曲试样或断裂试样　6—宏观试样

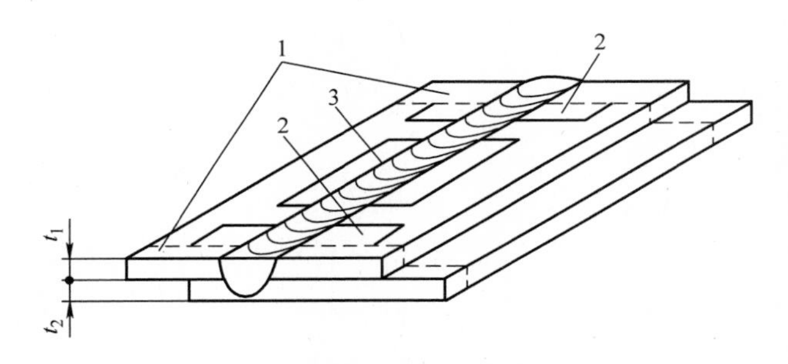

图 8-15　搭接接头取样示意图

1—焊缝两端头去除至少 50mm　2—两个金相试样　3—若需要用于剪切试验，锤击 S 形弯曲试验的试样

① 对接接头的横向拉伸试验样品制备按照表 8-4 和图 8-7、图 8-8 执行，试样的前进侧和后退侧应在试件上作标记。

② 纯铝和无热处理的合金在“O”（完全退火）状态下，试验的极限抗拉强度应不低于相关标准中指定的母材最小值。

③ 对于热处理合金，在快速焊状态下，焊接试样的极限抗拉强度应满足最小要求：

$$\sigma_{\min(w)} = \sigma_{\min(pm)} \times T \tag{8-3}$$

式中　$\sigma_{\min(pm)}$——相关标准中要求的母材最小抗拉强度（MPa）；

$\sigma_{\min(w)}$——焊接试样的极限抗拉强度（MPa）；

T——接头抗拉强度效率系数。

④ 对于两种不同铝合金的焊缝，应满足最小的 $\sigma_{\min(w)}$ 值，对接接头的效率系数见表 8-8。

表 8-8　对接接头抗拉强度效率系数

材料类型	母材焊前处理状态[ab]	焊后处理状态[c]	拉头强度效率系数 T
纯铝	所有状态	与焊接时间相同	1.0
无热处理合金	所有状态	与焊接时间相同	1.0
热处理合金	T4	自然时效	0.7
	T4	人工时效	0.7
	T5 和 T6	自然时效	0.6
	T5 和 T6	人工时效	0.7
其他合金	所有状态	—	—

注：1. 见 ISO 2107。

2. 对于母材，表格中没有列出的其他处理状态，$\sigma_{min(w)}$ 值应与设计规范一致。

3. 时效状态应与设计规范一致。

4. $\sigma_{min(pm)}$ 是基于完全退火状态的最小拉伸强度，与试验中母材的实际处理状态无关。

5. 如焊后进行了全面的热处理，性能将有所提高，$\sigma_{min(w)}$ 值应与设计规范一致。

6. 焊后时效状态和 $\sigma_{min(w)}$ 值应与设计规范一致。

2）弯曲试验。对接接头弯曲试验试样按照 8.2.1 的“6. 标准试样的检查和试验”中制样要求执行，试样的前进侧和后退侧应在试件上作标记。

所有母材的弯曲角度为 180°，根据母材的延伸率计算弯曲直径：

① 当母材伸长率大于 5%

$$d = \frac{100 \times t_s}{A} - t_s \tag{8-4}$$

式中　d——最大弯曲直径（mm）；

t_s——弯曲试样的厚度（包括侧弯）（mm）；

A——制造商原材料制定的最小抗拉伸长率（对于不同合金的接头，取小值）（%）。

② 当母材伸长率不大于 5%，试验前应进行退火，伸长率按照完全退火状态取值计算出弯曲直径。d 值应四舍五入到整数；可以用更小的弯曲直径。

③ 试验期间，试样不能在任何方向出现单个 3mm 以上的缺陷。

3）宏观金相

① 试样应按 ISO 17639 的规定制备和检验，试样的一侧应清晰呈现焊缝区域。

② 宏观检验应包括未受影响的母材，特殊合金要小心腐蚀，以避免出现腐蚀裂纹。

③ 根部熔合、孔洞、隧道以及未焊透等缺陷的验收应按照 ISO 25239－5 相关要求。

4）补充要求

① 外观检验。若试样不能满足 8.2.1 的“6. 标准试样的检查和试验”中外观检验要求，要再焊制一个试样做同样的检查。对于连续多个试样不通过的，则判断该焊接工艺不合格，应对焊接工艺进行修订。

② 破坏性试验。如果试样由于焊缝缺陷不能满足 8.2.1 的“6. 标准试样的检查和试验”中破坏性试验要求，应重新截取两个试样进行测试。若有足够的材料，额外试样要从原试件上截取，若没有则使用新的试件。每个新的试样应进行与不合格试样相同的测试。若额外试样中有一个不能满足要求，那么评定该焊接工艺不合格，应对焊接工艺进行修订。

③ 非标准试件。非标准试件的测试及评判参照 8.2.3 的“7. 标准试样的检查和测试”中的相关要求。

8. 焊接工艺评定报告（WPQR）

焊接工艺评定报告（WPQR）表达了每个试件的评估结果，应包含合格的 WPS 中列出的相应条款，以及不符合 8.2.3 的“7. 标准试样的检查和测试”要求的详细情况。如果试验合格，应由检查人员或检查机构出具焊接工艺评定报告（WPQR）。WPQR 格式如下：

焊接工艺评定报告

制造商：________________

地址：________________

pWPS 编号：________________

工艺评定编号：________________

检测或测试机构：________________

文件编号：________________

试验标准及编码：________________

焊接日期：________________

操作者姓名：________________

母材类型和参考标准：________________

母材厚度（mm）：________________

管外径（mm）：________________

焊后热处理：________________

其他内容：________________

根据上面所示标准，焊接准备、焊接、实验都符合标准要求。

制造商：________________　检验师或检验机构：________________

签名/日期：________________　签名/日期：________________

焊接试验记录

地点：__________　制造商焊接工艺编号：________________

焊接日期：__________　坡口准备和清理：________________

焊接方法：__________　焊接设备：________________

接头类型：__________　焊接位置：________________

母材规格（mm）：__________　焊工姓名：________________

母材质保书：__________　设备标识：________________

焊接坡口准备（图）：

焊接接头形式	焊接顺序
单位：mm	

焊接工艺和参数：

焊道	焊接方法	搅拌针规格		转速/(r/min)	压力/kN	焊接速度/(mm/min)	倾斜角度/(°)	搅拌头转动方向	侧面的倾斜角/(°)
		针长/mm	轴间直径/m						

预热温度（℃）：__________　　其他内容：__________

层间温度（℃）：__________　　焊后处理：__________

时间，温度，方法：__________　　加热和冷却速度（℃/min）：__________

制造商：__________　　检验师或检验机构：__________

签名/日期：__________　　签名/日期：__________

焊接试验结果

制造商焊接工艺编号：__________　　制造商工艺评定编号：__________

外观检测：__________　　检测报告：__________

宏观检测：__________　　检测报告：__________

拉伸试验：　是口　否口

编号	屈服强度 δ_s/(N/mm²)	抗拉强度 σ_b/(N/mm²)	断面收缩率 ψ（%）	伸长率 σ_h（%）	断口位置	备注

弯曲试验：　　实验标准：

编号	弯曲角度/(°)	压头直径/mm	结果

其他试验：__________

备　　注：__________

试验依据：__________

试验结果：__________

制造商：__________　　检验师或检验机构：__________

签名/日期：__________　　签名/日期：__________

9. 焊接工艺要求

（1）焊前处理

1）应检查搅拌头是否具有永久标识，并检查搅拌头的形状、尺寸是否满足 WPS 要求，如搅拌针螺纹形状、针长度等。

2）应核实焊接母材的型号、流水号；产品组装时，对每个接头边缘和根部空隙按 WPS

要求进行处理。

3）搅拌头、工装夹具等与焊件接触的部分应进行清理，避免油脂、油污、铝屑对焊接的有害影响。

4）应彻底清除母材上的待焊区（单边 20mm）的氧化物、防护处理、胶粘物、油脂、污垢等污染物。

5）焊接前，应完成焊接程序的调试，保证工装、设备、工件的定位不会干涉搅拌头相对行程。

（2）焊接过程

1）严格按照焊接工艺规程和焊接工艺施焊。

2）零件组装过程中，对接装配间隙不宜超过 0.5mm；零件组装的错边值不应超过板厚的 0.2 倍，且小于或等于 2mm。

3）产品固定采用定位弧焊时，该定位焊应作为焊接区域的一部分，并满足 ISO 10042 的相应规定；若采用搅拌摩擦焊定位，应符合搅拌摩擦焊的相关质量要求。

4）焊接程序中工艺和参数应与 WPS 文件一致，有手动调校设备压力值或其他参数时，应根据焊接过程中实际情况进行调整。调整的大小范围应取得认可。

5）焊缝方向和焊接顺序应符合 WPS 要求，使产品在焊接时受到最小的焊接应力和变形的影响，并尽可能在平对接位置（PA 位置）上焊接。

6）对焊接有冷却要求的，应考虑冷却方式的可实施性、可靠性。

7）焊接过程中若采用引入板、引出板时，应尽量避免在引入板、引出板与工件连接处产生缺陷。

8）引入板和引出板应与焊件同质，焊前准备以及坡口制备应与焊件相同。引入板和引出板可采用机械或焊接方式固定。完成接头焊接后，可采用等离子切割或机械方式去除引弧板和引出板，不得敲击，以免接头破损，引入板和引出板去除后应进行纵向打磨。

9）焊接过程中应随时观察搅拌头施焊，避免搅拌头中心位移偏离焊缝中心。搅拌头允许的最大侧偏移量为 0.75mm。

（3）焊后处理

1）采用无针搅拌头进行矫形过程中，应注意相关技术要求，不应引起产品结构损坏或焊缝损坏。

2）采用无针搅拌头进行矫形时应符合工艺技术文件规定，采用矫形搅拌头以及相关矫形参数，如转数、设备行走速度等。

3）对于焊接过程产生的缺陷，应采用修磨或机械加工方法去除。

① 焊缝检验应按对应的检验规定执行。

② 焊缝返修需注意如下几点：

a. 返修应按焊接工艺规程（WPS）的要求进行。

b. 要求焊前预热的焊件，在焊接过程中的焊缝层间温度应不低于预热温度；严禁焊件在承载和受撞击的情况下进行焊接。

c. 搅拌摩擦焊焊缝因缺陷问题进行重复搅拌，应对重复搅拌工艺进行验证，完成拉伸试验、弯曲试验及金相测试。

d. 搅拌摩擦焊焊缝采用弧焊补焊时，应验证弧焊补焊工艺，完成拉伸试验、弯曲试验及金相测试。

8.2.4 其他标准

除ISO标准和行业内标准外，对搅拌摩擦焊工艺评定有明确要求的还有美国机械工程师协会（ASME）标准，其评定的流程与ISO标准和行业内标准类似，本章节不做详细介绍，仅对工艺规程要素的界定、检验的要求与测试重点阐述。

1. 搅拌摩擦焊接工艺规程要素

工艺规程要素（ASME—Ⅸ）见表8-9。

表8-9 焊接工艺规程要素（ASME—Ⅸ）

章节		变量描述	重要要素	附加重要要素	非重要要素
QW－402 接头	.27	Ø 固定衬垫	x		
	.28	Ø 接头设计	x		
	.29	Ø 接头间隙＞10%	x		
QW－403 母材	.19	Ø 类型/级别	x		
	.30	Ø 评定的厚度大于20%	x		
QW－407 焊后热处理	.1	Ø 焊后热处理	x		
QW－408 气体	.26	Ø 保护气体	x		
QW－410 技术	.21	单面焊对双面焊	x		
	.73	Ø 接头固定压紧要求	x		
	.74	Ø 控制方式	x		
	.75	Ø 搅拌头设计	x		
	.76	Ø 搅拌头操作	x		

符号说明：Ø 改变

2. 搅拌摩擦焊焊接工艺规程要素说明

QW－402.27 固定衬垫材料的改变，影响冷却效率的衬垫设计改变。

QW－402.28 评定过的接头设计的改变，包括坡口准备的几何形状改变（如无坡口直边改为开坡口），接头轨迹最小半径小于搅拌头轴肩半径，或轨迹自身交叉或其他焊缝热影响区交叉。

QW－402.29 接头间隙的改变大于评定试板厚度的10%。对于无间隙连接的评定，最大允许接头间隙1.5mm。

QW－403.19 一种母材或级别变为另一种母材或级别，如接头为两种不同类型或级别的母材组合，评定需要采用适应的材料组合，甚至需要两种母材分别自己和自己进行焊接评定。

QW－403.30 母材金属厚度改变超过20%。

1）对于固定式搅拌头和可回抽式搅拌头。

2）对于可回抽搅拌头，超过试板最小和最大厚度或者斜坡过渡处厚度。

QW－407.1 对于下面的每种情况，一个单独的工艺评定是需要的：

1）对于材料分组号为P No.1－6和9－15F的材料，以下焊后热处理条件是适应的：

① 不焊后热处理。

② 焊后热处理低于下转变温度。

③ 焊后热处理高于上转变温度（如正火等）。

④ 先进行高于上转变温度接下来进行低于下转变温度的焊后热处理（正火或淬火加回火等）。

⑤ 焊后热处理温度在上转变温度与下转变温度之间。

2）对于别的材料，以下焊后热处理条件是适用的：

① 不焊后热处理。

② 在一个特定的温度范围焊后热处理。

QW－408.26 对于材料分组号为 P No.6，7，8，10H，10I，41－47，51－53，61，62 的搅拌摩擦焊，增加或减少尾气或保护气体，或改变气体成分或流速。

QW－410.21 对全熔透坡口焊，从双面焊到单面焊需要重新评定，反之，则不需要。

QW－410.73 评定的接头约束装置的改变（如固定夹紧到自调节夹紧，反之亦然）或从单面到双面焊接，反之亦然。

QW－410.74 焊接控制方式的改变需要重新评定（插入方向压力控制到位移控制方式或反之，行走方向的压力控制方式到路径控制方式，反之亦然）。

QW－410.75 下列搅拌头的改变需要重新评定：

1）评定的系列类型或设计改变要重新评定（如螺纹搅拌针、平滑搅拌针、凹槽、自调节、可回抽或别的类型搅拌针）。

2）评定的配置与尺寸超过了下面的限制（若适用）：

① 轴肩直径尺寸超过 10%。

② 轴肩螺距超过 10%。

③ 轴肩轮廓改变（增加或减少轴肩特征）。

④ 搅拌针直径大于 5%。

⑤ 搅拌针的长度大于评定的搅拌针长度的 5% 和母材厚度 1% 中的较小者需要重新评定（可回抽搅拌头不是最小针长，也不适用于直支撑搅拌头）。

⑥ 搅拌针的倾角超过 5°。

⑦ 搅拌针凹槽螺距超过 5%。

⑧ 搅拌针尖几何尺寸与形状改变。

⑨ 螺纹跟踪超过 10%（当适用时）。

⑩ 搅拌针的平面设计改变导致平面总面积超出 20%。

⑪ 平面的数量改变。

⑫ 搅拌针的冷却特性改变（如从水冷到空冷，反之亦然）。

3）搅拌针材料规范、公称化学成分、最小硬度改变。

QW－410.76 评定的搅拌头操作改变超过以下限制需要重新评定（若适用）：

1）减少旋转速度，或增加旋转速度超过 10%。

2）旋转方向改变。

3）下压力超过 10% 或下压量超过设置点 5%（除了开始焊接和结束焊接时上升与下降外）。

4）倾角在任何方向超过1°。

5）控制行走方向的力和速度超过10%（除了开始焊接和结束焊接时斜坡上升与下降外）。

6）当使用自支撑搅拌头或可回抽式搅拌头时，搅拌头部件间的相关运动范围。

7）导致搅拌针或轴肩行走方向反转的行走路径曲线最小半径的减少。

8）在相同的焊缝之内或焊缝与别的焊缝热影响区之间，交叉的角度与方式或同时交叉的数量改变时需要重评。

8.2.5　搅拌摩擦焊常见术语

1. 搅拌头

搅拌摩擦焊中，由轴肩和搅拌针组成的旋转部分，如图8-16所示。

2. 搅拌针

搅拌头的一部分，分固定和可调整两种，插入工件实现焊接，如图8-16所示。

3. 搅拌头轴肩

焊接过程中与工件表面接触的搅拌头表面，如图8-16所示。

4. 轴向力

沿着搅拌头旋转轴作用于工件的作用力，如图8-16所示。

5. 前进侧

焊缝中搅拌头旋转的方向与焊接前进方向相同的一侧，如图8-16所示。

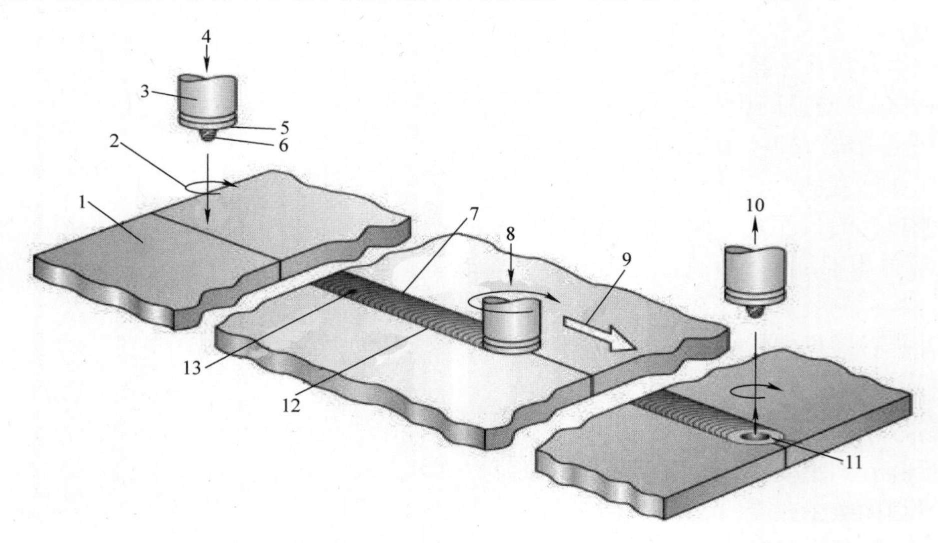

图8-16　搅拌摩擦焊过程

1—母材　2—搅拌头旋转方向（顺时针）　3—焊接工具（搅拌头）　4—搅拌头向下运动　5—搅拌头轴肩　6—搅拌针　7—焊缝前进侧　8—轴向力　9—焊接方向　10—搅拌头向上运动　11—匙孔　12—焊缝后退侧　13—焊缝表面

6. 后退侧

焊缝中搅拌头旋转的方向与焊接前进方向相反的一侧，如图8-16所示。

7. 匙孔

在搅拌针离开后，在焊缝结尾处残留的孔，如图 8-16 所示。

8. 双轴肩搅拌头

搅拌头由固定或可调长度的搅拌针和两个分离的轴肩组成，如图 8-17 所示。

9. 锻压侧

搅拌头前进反方向的轴肩部分，如图 8-18 所示。

10. 压入量

轴肩后缘压入工件内部的深度，如图 8-18 所示。

11. 侧倾角

搅拌头中心线与焊接工件表面的垂线之间的夹角，这个夹角在垂直于焊接方向的面上进行测量，如图 8-18 所示。

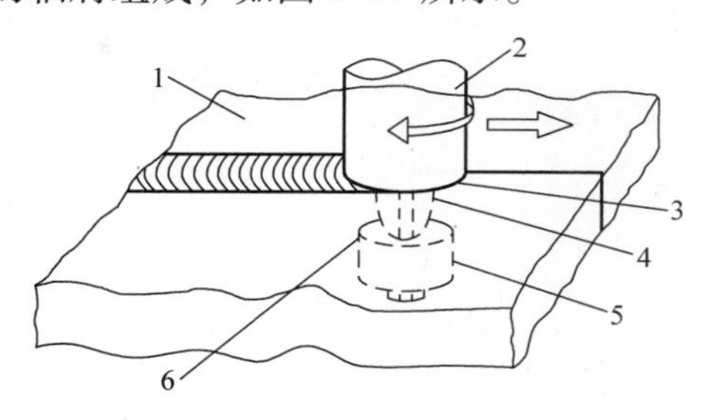

图 8-17　双轴肩搅拌头

1—工件　2—上部搅拌头　3—上部轴肩
4—搅拌针　5—底部搅拌头　6—底部轴肩

12. 倾角

搅拌头中心线与垂直于工件表面的线之间的夹角，夹角与焊接方向相反，如图 8-18 所示。典型的倾角为 0°～5°。

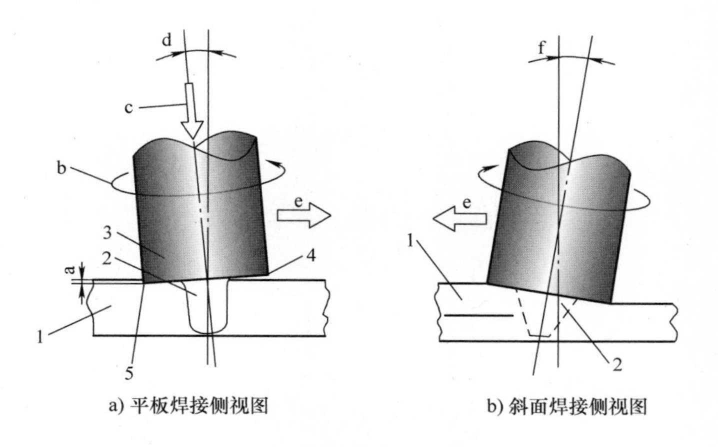

a) 平板焊接侧视图　　b) 斜面焊接侧视图

图 8-18　搅拌头示意

1—工件　2—搅拌针　3—搅拌头　4—轴肩　5—轴肩后缘

a—压入量　b—搅拌头旋转方向　c—轴向压力　d—倾角　e—焊接方向　f—侧倾角

13. 界面畸变

焊接焊缝前进侧或后退侧的接合面上产生的未融合为界面畸变，界面畸变可能向上也可能向下，图 8-19 所示为一个向上的界面畸变。

14. 预焊接工艺试验

预焊接工艺试验与工艺评定试验有一样的功能，但是在能够概括生产条件的非标准测试件上进行的。

15. 标准焊接试验

为了评定焊接工艺或焊工技能水平而按标准进行的焊接试验。

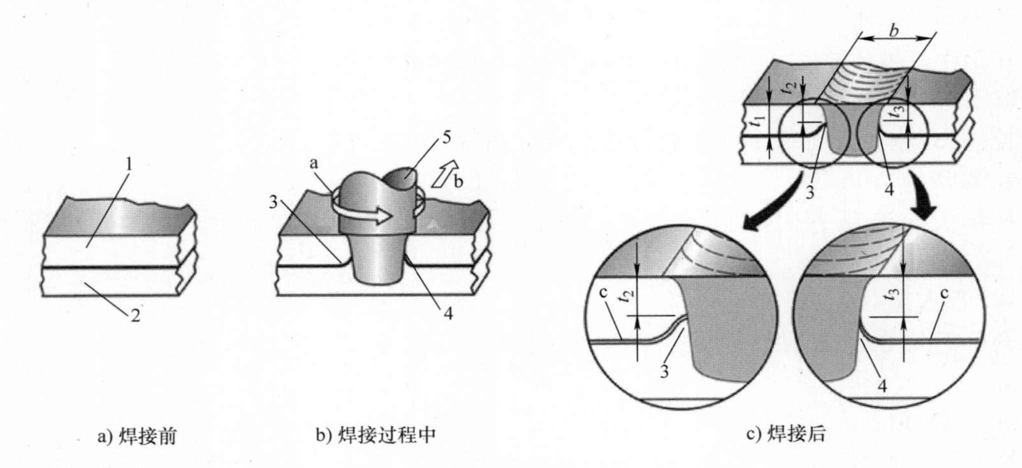

图 8-20　含界面畸变的对接焊缝宏观断面

b—焊缝宽度　t_1—上部工件的原始厚度　t_2—上部工件后退侧焊后的厚度　t_3—上部工件前进侧焊后的厚度

1—上部工件　2—下部工件　3—后退侧，缝隙尖端方向朝向轴肩（上部工件）

4—前进侧，缝隙尖端锻压侧方向朝向轴肩（上部工件）　5—搅拌头

a—旋转方向　b—焊接方向　c—接合间隙

16. 预焊接工艺规程（pWPS）

包含要求的焊接工艺和参数并按某一种方法做评定的文件。

17. 工艺评定报告（WPQR）

包含为评定焊接工艺的所有有关试件焊接数据及实验结果的记录。

18. 工艺评定试验

为了评定焊接工艺，按照预焊接工艺规程（pWPS）的规定，制备、实验某个标准或非标试件。

19. 焊接工艺规程（WPS）

规范焊接过程的文件。

本章知识点和技能点

1. 知识点

1）工艺评定的目的。

2）工艺评定的流程。

3）ISO 工艺评定标准。

2. 技能点

根据提供的接头清单，对应 ISO 标准、行业内标准或其他标准完成工艺评定项目的确定并完成该项工艺评定。

第 9 章　搅拌摩擦焊技术的发展

本章重点

搅拌摩擦焊技术对工艺、材料、场合的适应性，如何利用其优势，怎样改变其劣势，打开创新思路。

搅拌摩擦焊经过近 30 年的研究和推广，已在航天航空、轨道交通、船舶制造、汽车生产、电子电器等众多领域获得应用。由于早期搅拌摩擦焊技术存在的缺陷和其实际工程应用中难题的出现，不断地推动着搅拌摩擦焊技术的发展。

目前为止，制约搅拌摩擦焊技术应用的主要问题有：

1）搅拌摩擦焊设备要具备足够的刚度，对工件的装夹精度（如间隙）和装夹力度要求较高，有些构件还需要施加背面刚性支撑。

2）搅拌摩擦焊的焊接热量主要取决于轴肩与焊件之间的表面摩擦热和搅拌针与焊件结合部分的搅拌摩擦热以及焊接区域材料的塑性变形热。这种热能供给使焊缝在厚度方向的温度差异较大，故焊缝组织性能差异也会很大，由此，焊缝根部易出现弱结合、未焊透，较厚材料还会形成隧道缺陷。

3）搅拌摩擦焊焊缝接头是在搅拌头的旋转、插入、行进以及与被焊工件之间的相互挤压、粉碎和组织转移等热机械力作用下形成的致密固相连接，焊缝分为三个区域，即焊核区（WN）、热机影响区（TMAZ）和热影响区（HAZ）。因搅拌头旋转与焊接方向的变化导致前进侧和后退侧的温度及金属塑性流动情况不同，使焊缝组织存在较明显的不对称性，也就是说前进侧和后退侧界面组织会出现明显差异，在某种程度上出现“非均质”界面缺陷，成为接头的薄弱甚至危险部位。

4）搅拌摩擦焊没有传统摩擦焊的“自清洁”能力，焊接时，焊件表面的氧化物或杂质被搅拌头破碎后带入焊缝，随着热塑性金属的流变弥散分布于焊缝微观组织中，当焊接参数不合适时，会形成 S 线缺陷。这种缺陷的位置、形状、尺寸与搅拌头形状、旋转方向和速度、焊接速度和搅拌头顶锻压力角相关，导致其焊接参数很难具有普遍适用性。

5）搅拌摩擦焊设备、工装要求较严格使其应用柔性受到限制。

6）搅拌摩擦焊技术在性能不同材料中的适应能力差异较大。

为了解决搅拌摩擦焊焊接过程中存在的这些问题，通常以优化搅拌头的几何形状、优化焊接参数组合、改善焊接区温度场的方式来进行，这些都为推动搅拌摩擦焊技术的创新及不断发展奠定了基础。

9.1 双轴肩搅拌摩擦焊

大型中空结构件焊接时，常规搅拌摩擦焊接存在装夹复杂、工装夹具成本过高等问题，当采用双轴肩自支撑搅拌摩擦焊技术（Self—Reacting Pin Tool FSW，SRPT FSW）时则问题迎刃而解。双轴肩搅拌摩擦焊是对侧向固定的工件用上下轴肩的夹持作用夹紧工件焊接位置，其下轴肩代替了常规搅拌摩擦焊的支撑垫板装置，如图 9-1 所示。

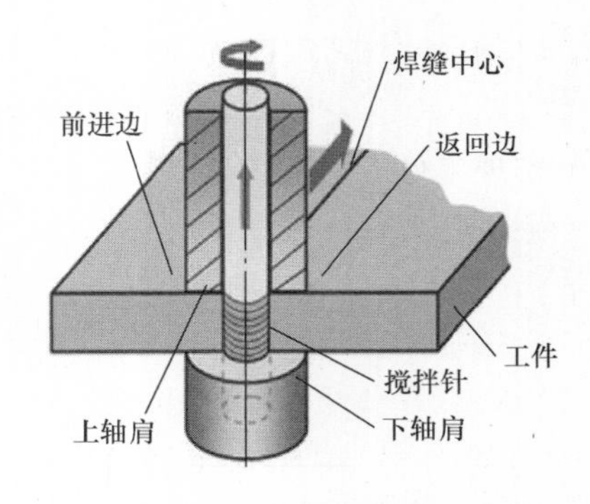

图 9-1 SRPT－FSW 焊接示意图

双轴肩自支撑搅拌摩擦焊目前按搅拌头结构分为固定式和浮动式两种形式。

9.1.1 固定式双轴肩搅拌摩擦焊

如图 9-2 所示为固定分体式双轴肩搅拌头，其中搅拌针、轴肩与主体采用不同材料，下轴肩通过锥面与搅拌针配合，这种设计装配方便，而且可装配不同厚度的下轴肩。该搅拌头已成功焊接了 12mm 厚的不锈钢。

另一种上、下轴肩直径不等的双轴肩搅拌头如图 9-3 所示，上轴肩内凹，下轴肩外凸，搅拌针呈锥状。该种搅拌头能适应工件厚度上的少许变化，并允许主轴与工件表面垂直方向存在一定倾角。在 5mm 厚 6005A 铝合金上进行焊接试验，接头抗拉强度达到 190MPa。

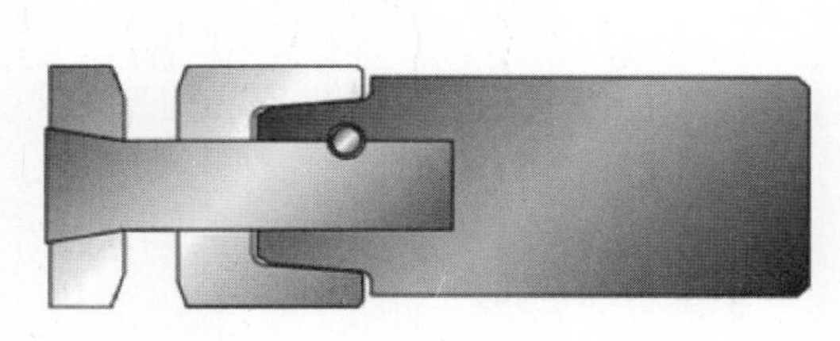

图 9-2 固定分体式双轴肩搅拌头

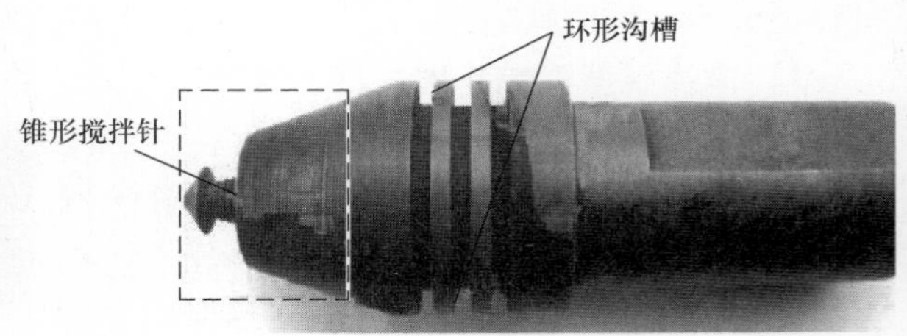

图 9-3 上、下轴肩直径不等的双轴肩搅拌头

9.1.2 浮动式双轴肩搅拌摩擦焊

浮动式双轴肩搅拌摩擦焊，搅拌针与下轴肩相连并由驱动装置带动，这样既可调节加载载荷又可调整下轴肩的位置；上轴肩与另一驱动装置相连，这种上下轴肩各自独立控制的方式使得自适应系统得以实现，同时使得上下轴肩的顶锻力反向且相等，工件在垂直板件方向所受合力为零。由于双轴肩搅拌摩擦焊采用了两个轴肩的模式，提高了焊缝背部的热输入，可以预防和降低焊缝背部缺陷。与常规 FSW 相比，双轴肩搅拌摩擦焊有两个独立控制的轴肩；常规 FSW 焊件背面需要配套的刚性支撑垫板，而双轴肩搅拌摩擦焊焊件背面则不需要；常规 FSW 被焊工件需要严格的装夹，焊件需要被垂直及侧向压紧，而双轴肩搅拌摩擦焊大大简化了装夹机构；常规 FSW 焊缝背部常常是整个焊件的薄弱环节，双轴肩搅拌摩擦焊由

于下轴肩的产热减小了从焊缝表面到背部的温度梯度，降低了焊缝的热损耗，提高了热效率，因此可以很好地消除焊缝背部未焊透等缺陷。如图 9-4 所示。

双轴肩搅拌摩擦焊接技术降低了焊接过程中的设备支撑力，节省了刚性支撑的制造成本，同时增加了零件装配及施焊的灵活性，适用于薄壁、中空结构及其他复杂结构，如曲线或双曲率结构件的搅拌摩擦焊等，也为实现三维焊接提供了可能。由于双轴肩自支撑技术可以同时实现工件上、下表面的焊接，消除了背部弱结合或根部缺陷等问题，为简化搅拌摩擦焊装夹要求、扩展搅拌摩擦焊接技术应用领域提供了有效解决方案。

目前国外已将双轴肩搅拌摩擦焊接技术用于工程生产领域，成功完成 1.8 ~ 30 mm 厚材料的焊接。Edward 等成功地应用双轴肩自适应搅拌摩擦焊技术对薄板铝合金进行了焊接，试验表明：在焊接薄板时，此技术可以实现 1.8mm 及更薄的铝合金型材的焊接；焊接速度可以达到 1m/min 以上；对 2mm 厚 6061 铝合金的试验表明，焊缝强度系数可达 88%，而且强度系数还可以进一步提高。自反作用双轴肩搅拌摩擦焊工具如图 9-5 所示。

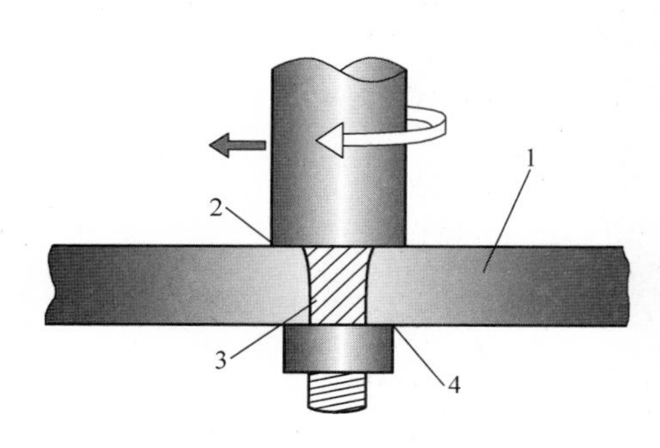

图 9-4　浮动式双轴肩搅拌摩擦焊原理图
1—焊接工件　2—上轴肩　3—搅拌针　4—下轴肩

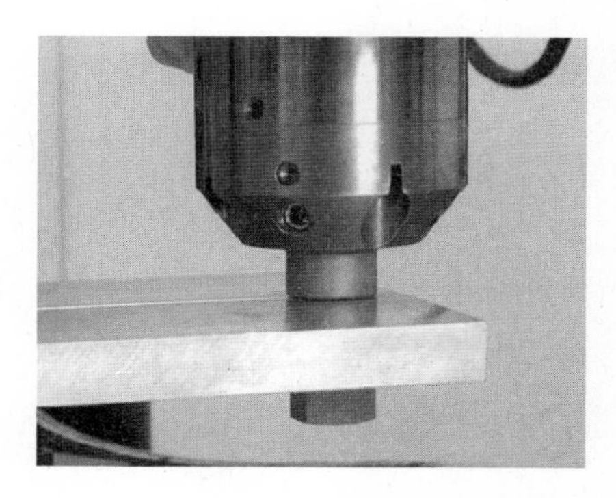

图 9-5　自反作用双轴肩搅拌摩擦焊工具

9.2　静轴肩搅拌摩擦焊

静轴肩搅拌摩擦焊技术（Stationary Shoulder Friction Stir Welding，SSFSW）是在传统搅拌摩擦焊的基础上发展起来的一种新型焊接技术，焊接过程中只有搅拌针转动，轴肩只在试样表面沿焊接方向滑动，搅拌针旋转与材料摩擦产热是主要的热源，由于轴肩不参与旋转生热，减小了接头的热输入量，可有效防止接头变形、提高接头力学性能。图 9-6 所示为静轴肩搅拌摩擦焊接技术原理图和采用静轴肩搅拌摩擦焊技术焊接的 T 形接头。这种方法在厚板轻质合金和热导率低的材料（如钛合金）焊接时具有如下独特的优势：①轴肩不旋转，减小了接头厚度方向的温度梯度，优化了接头组织和性能；②接头表面光洁，无飞边，焊接过程无减薄。

目前国内外关于静轴肩搅拌摩擦焊接技术的报道较少，欧洲宇航 EADS 与德国 KUKA 公司合作，将静轴肩搅拌摩擦焊机头与工业机器人集成，实现了空间曲面结构的静轴肩搅拌摩擦焊。哈尔滨工业大学对静轴肩搅拌摩擦焊技术也开展了相关研究，采用常规搅拌工具加外套的方式，实现了 2219 – T6 铝合金平板对接形式的焊接。北京航空工艺研究所自主研发了静轴肩搅拌摩擦焊装置，实现了1～10 mm厚2系、5系、6系、7系铝合金的对接。

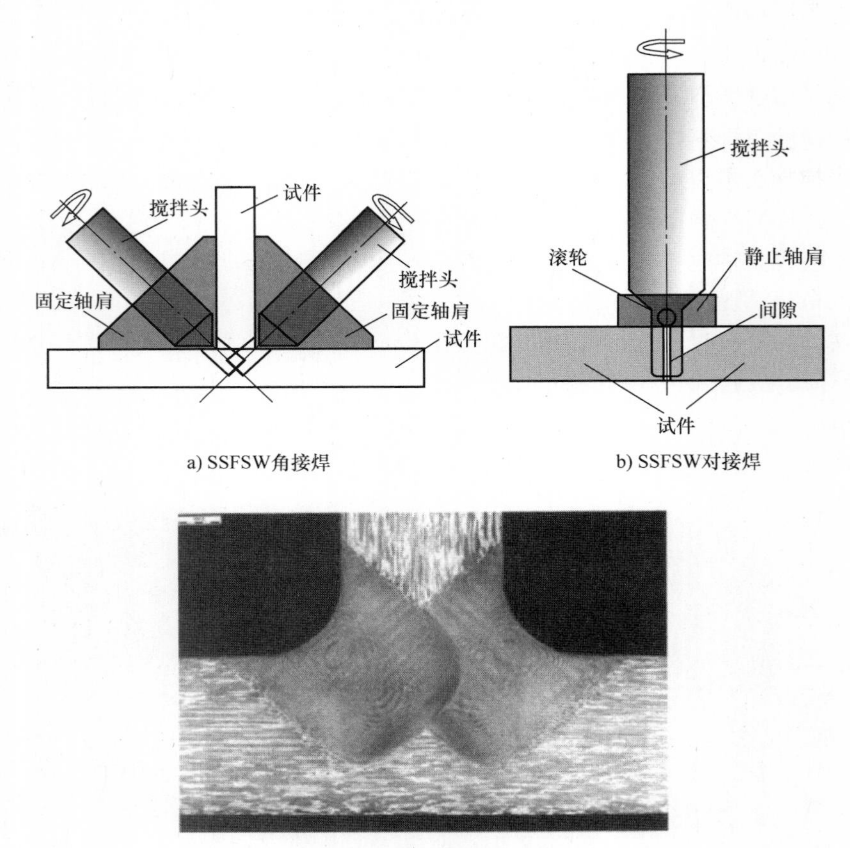

图9-6　SSFSW焊接技术原理图和采用SSFSW焊接的T形接头宏观金相

9.3　双头搅拌摩擦焊

双头搅拌摩擦焊（Twin－stir TMFSW）是英国焊接研究所新开发的搅拌摩擦焊技术。双头搅拌摩擦焊原理是利用两个转向相反的搅拌头同时对一个工件进行焊接，由于两个搅拌头的转向互为反向，工作时产生的转矩因相互抵消而减弱，故工件在较小的侧向装夹力下即可完成焊接。双头搅拌摩擦焊应用目前有3种排列方式：

（1）平行并列式双头（Parallel Twin－stir）搅拌摩擦焊　两个转向相反的搅拌头以平行并列方式，一同沿焊接方向移动，如图9-7a所示。该方式最适合搭接接头焊接，因其可使搭接焊的缺陷出现在两个焊缝之间。

（2）前后并列式双头（Tandem Twin－stir）搅拌摩擦焊　两个转向相反的搅拌头在同一条焊缝上前后排列，如图9-7b所示，前方搅拌头对材料的软化降低了后方跟进搅拌头的阻力，后面搅拌头可对前面搅拌头焊接后的残留氧化膜进行完全破碎，同时由于多一次前进侧和后退侧的变化，焊缝组织更均匀，从而提高了焊接接头质量。这种方式适用于所有FSW

接头形式，但对二维曲线焊缝应考虑搅拌头前后排列的距离对弯曲半径的适应。

（3）交错排列式双头（Staggered Twin－stir）搅拌摩擦焊　两个搅拌头沿焊接方向前后交错排列，如图 9-7c 所示，第一个搅拌头为主搅拌头，第二个搅拌头位置可调，第二个搅拌头可以部分覆盖第一个搅拌头的焊缝，以形成更宽的焊接区域，同时焊缝区组织晶粒细化，氧化膜破碎完全，在焊缝中呈弥散分布。该方式既有前后并列式的特点，又具有能满足对焊接接头有更严要求的焊缝的焊接优势。

英国焊接研究所试验结果表明，3 种方式的双头搅拌摩擦焊均可得到成形良好、无缺陷的焊缝，其优点均远远大于其不足之处。从生产应用上来说，采用两个（或更多）旋向相反的搅拌头同时焊接，可以产生更多的热量，有利于在更小的转矩、更大的对接间隙下实现材料的可靠连接，为钢及其他高温合金的搅拌摩擦焊开辟新的途径。

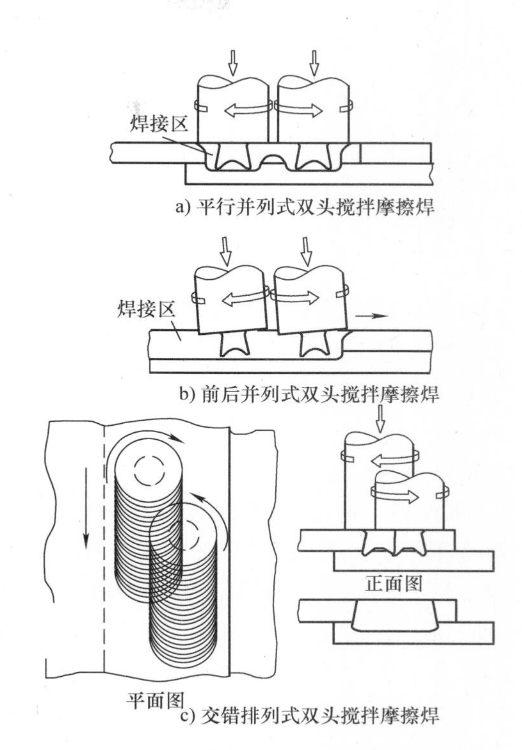

图 9-7　双头搅拌摩擦焊技术原理图

9.4　流动搅拌摩擦焊

流动搅拌摩擦焊（Friction Flow Welding，FFW），国外称为无针搅拌摩擦焊，搅拌工具仅有轴肩而没有搅拌针，在轴肩端面存在槽型结构，如图 9-8 所示。焊接时，通过轴肩端面与工件的旋转摩擦产热，材料软化形成塑性流动实现连接。流动搅拌摩擦焊接可以应用在对接、搭接、点焊、材料表面加工、缺陷修补等领域，具有焊后焊缝没有匙孔且成形美观等

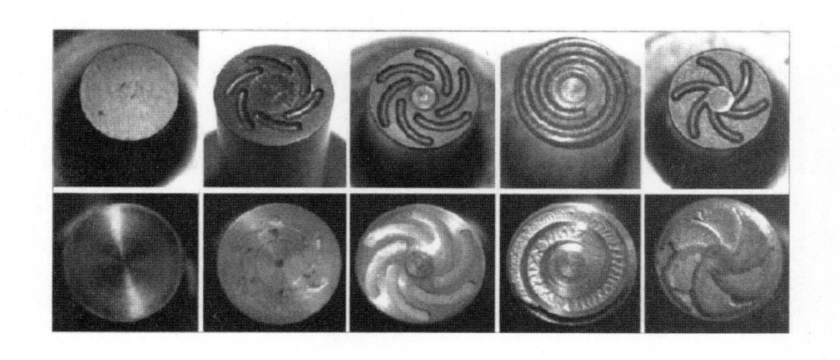

图 9-8　流动搅拌摩擦工具

优点。在薄壁结构的点焊，如飞机机身蒙皮、隔离框板结构、机翼、运载火箭的整流罩、汽车用薄壁结构等处得到应用，同时在缺陷修补、材料表面加工及改性等领域有巨大潜力。

国内外对流动搅拌摩擦焊的相关研究都有报道，但大多以点焊为主。日本的 Aota 等人对流动搅拌摩擦点焊技术进行了研究，焊点实现了有效连接，并认为是一种极具发展前途的焊接方法。Chen 等人采用流动搅拌摩擦点焊对 0.93mm 厚的 AA6111 - T4 汽车用铝合金薄板在不足 1s 时间内实现了高强度连接。

9.5 复合热源搅拌摩擦焊

搅拌摩擦焊的产热主要是轴肩与焊件表面之间的摩擦热、搅拌针与焊件结合面之间的搅拌摩擦热加上搅拌针附近金属的形变热，这种热源产生机制使焊接位置热量分布沿深度方向梯度很大，易使焊缝下表面出现未焊透、弱结合和隧道等重大缺陷。为改变原始搅拌摩擦焊的产热不足、温度分布不均的问题，研究人员提出了以等离子弧、激光、感应热、电阻热、电弧等作为辅助热源的复合搅拌摩擦焊接技术。

1. 等离子弧辅助热源搅拌摩擦焊（Plasma Arc Assisted Friction Stir Welding，PAAFSW）

等离子弧辅助热源搅拌摩擦焊的基本原理是在搅拌摩擦焊焊接过程中，增加等离子弧作为焊接时的辅助热源，使焊接区金属在搅拌摩擦焊本身产热加上等离子弧的辅助热量共同作用下发生软化，随着搅拌头的旋转和向前移动形成焊缝（见图 9-9）。

图 9-9 等离子弧辅助热源搅拌摩擦焊

等离子弧辅助热源搅拌摩擦焊采用等离子弧预热母材金属，并在焊接过程中始终辅助加热焊接区金属，不但减少了搅拌头的磨损，延长搅拌头的寿命，更有利于提高焊接效率，为采用搅拌摩擦焊焊接高熔点和高硬度材料奠定了基础。目前等离子弧辅助热源搅拌摩擦焊技术已经成功应用于航天器燃料储箱 2219 - T6 铝合金材料的焊接生产。

2. 激光辅助热源搅拌摩擦焊（Laser Assisted Friction Stir Welding，LAFSW）

激光辅助热源搅拌摩擦焊基本原理类似于等离子弧辅助热源搅拌摩擦焊，只是用激光束取代等离子弧作为预热待焊接试件的辅助热源，使焊缝金属在激光的作用下受热变软并增快加热速度和均温时间，随着搅拌头的旋转和行进形成接头。激光辅助热源搅拌摩擦焊的优点是用激光预热搅拌头前方工件，使待焊部位先软化，减少了搅拌头旋转和行进的阻力，降低了搅拌头的磨损，可延长搅拌头的寿命。同时，因为工件焊接受力减小，固定工件所需的装夹力和焊接设备的刚度要求也明显降低。尤其是激光功率可调的特性，通过调节激光能量及作用区域，可以准确控制焊接热输入和工件预热区域，实现对焊缝成形的精确控制。目前，G. Kohn 等人已成功对 4mm 厚的 AZ91D 镁合金板进行了 LAFSW 焊接试验，在搅拌头转速为 1700r/min，焊接速度 50mm/min 时，得到了成形良好且无缺陷的焊缝。

但是，激光辅助热源搅拌摩擦焊存在两个问题：一是激光对反射率高的材料敏感，会在材料表面产生反射，导致激光能源利用率降低；二是高能激光需要严格防护，否则极易对操作人员造成伤害。

目前解决这两个问题的方法是：对反射率高的材料（如铝合金）的解决办法是在待焊材料表面涂覆一层防反射的涂料，这种方法虽然可以显著减少激光能的反射，但是增加了让杂质进入焊缝组织形成潜在缺陷的危险，并且使工艺复杂化，增加了工序和成本；另一种解决方法是在焊缝处开一个小坡口，来减少激光能的反射率，但开坡口焊缝需要增加填充焊缝的金属量，这样，需要加大上轴肩的下压量，致焊缝上表面压入较深；若焊接时不注意或来不及补充填充金属，容易形成孔洞和塌陷等缺陷，焊接质量难以保证。

3. 热搅拌摩擦焊（Thermal Stir Welding，TSW）

这是美国国家航空航天局（NASA）提出的一种改进型的“辅助热源”搅拌摩擦焊方法。在热搅拌摩擦焊中，辅助热源由感应线圈产生，工件的加热温度场是相对独立的系统，搅拌工具只有搅拌针没有轴肩，在搅拌针后面有滚轮顶锻压力机构，如图 9-10 所示。美国国家航空航天局证实热搅拌摩擦焊可以成功焊接较大厚度的钛合金板结构，在航天制造领域具有广阔的应用前景。

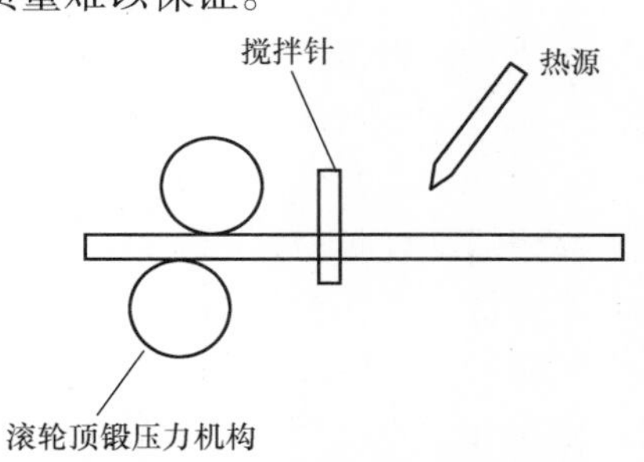

图 9-10　NASA 发明的热搅拌焊接

4. 电阻－搅拌摩擦复合焊（Resistance Assisted Friction Stir Welding，RAFSW）

电阻－搅拌摩擦复合焊又称导电搅拌摩擦焊技术，是由重庆大学于 2007 年提出的，其原理是以电阻热为辅助热源，对工件进行搅拌摩擦焊，其工作原理如图 9-11 所示。

在电阻－搅拌摩擦复合焊过程中，在搅拌头上通入一定的电流使其在搅拌区域产生电阻热，电阻热和搅拌摩擦热共同作用使搅拌头邻近区域的工件材料受热变软，形成热塑化，随着搅拌头的旋转和行进，热塑化金属由搅拌头的前进侧向后退侧移动，在搅拌头轴肩的挤压作用下形成固相接头。

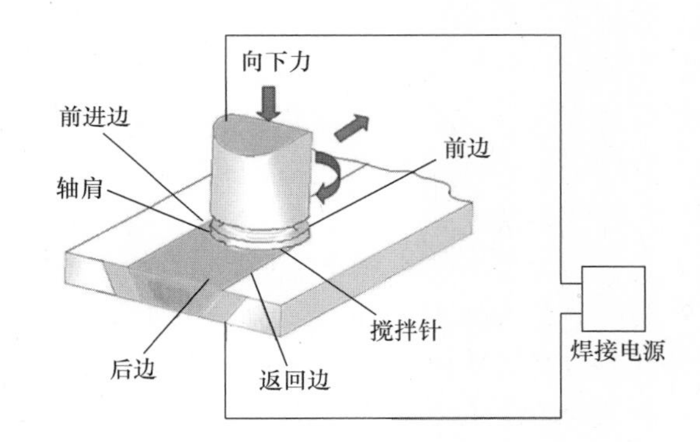

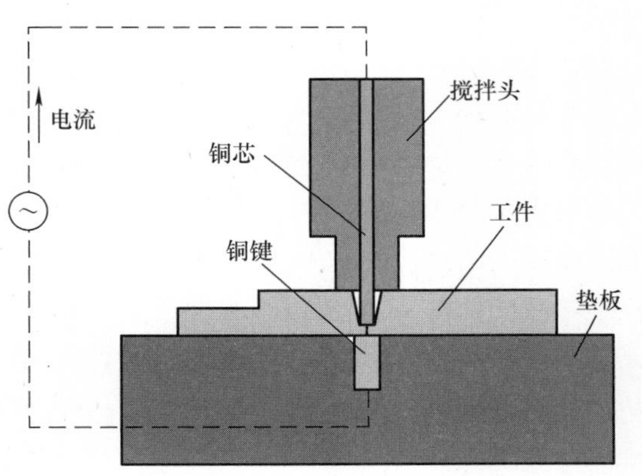

图 9-11　电阻－搅拌摩擦复合焊原理图

电阻－搅拌摩擦复合焊接的优点是电阻热源除了与摩擦热复合辅助焊接以外，还对搅拌摩擦焊缝具有预热和后热的作用，对焊后内应力的随机消除有益；同时，预热搅拌头前方工件材料，使待焊部位先软化，减少了搅拌头旋转和进给的阻力，降低了搅拌头的磨损，可延长搅拌头的寿命。但是由于电阻产热有限，对

扩大 FSW 的材料使用范围和减少搅拌头的进给及旋转的阻力上贡献亦有限，并且只适用于导电材料，对搅拌头需进行特殊处理以避免其漏电导致不安全。目前，电阻 - 搅拌摩擦复合焊接还处于基础理论和原型研究阶段。

9.6 超声搅拌摩擦复合焊

增加辅助热源、减少变形和应力、增加轴肩和搅拌头等搅拌摩擦焊新方法虽然都有各自的特点，但一个共同的缺点是焊接温度均会高于常规搅拌摩擦焊，因此焊缝金属的强度都略低于常规搅拌摩擦焊。当使用超声搅拌摩擦复合焊（Ultrasonic Friction Stir Compound Welding，UFSCW）时，焊接温度明显低于常规搅拌摩擦焊，且变形金属在超声振动下，金属微粒获得能量，产生高频振动，金属微粒的热运动加剧，温度升高，内摩擦力减小，从而变形阻力下降，金属的变形抗力减少，能在更低的温度下形成焊缝。此外，在超声能量的作用下，变形和应力得到向有利的方向改变的效果。

超声搅拌摩擦复合焊接主要是针对搅拌摩擦焊本身所存在的问题研究开发的。虽然搅拌摩擦焊在焊接铝合金等熔点不高、变形抗力较低的合金时具有很多优点，但随着材料强度的提高，金属在相同焊接温度下的变形流动抗力增大，流动性下降，使搅拌摩擦焊焊接性下降，只有维持较高且稳定的焊接温度才能继续焊接；对于高性能铝合金薄板的焊接因为难以维持上述稳定状态，所以会导致产生弱结合、空洞、疏松和反面未焊透等缺陷。搅拌摩擦焊所需的热量主要来源于搅拌头轴肩与焊件上表面的摩擦热，焊缝表层温度高，随着深度的增加，温度急剧下降，而且高温区域急剧缩小，焊缝深层难以达到形成优良焊缝所需的温度，易引起焊缝底部温度不够，塑化材料流动不充分，在焊缝底层常常会出现组织疏松、空洞或未焊透，如图 9-12 所示。

图 9-12 厚板搅拌摩擦焊焊缝横截面

若通过加大搅拌强度（如加快旋转速度）来提高下层温度，这时表层组织就会过热，引起合金微观组织的强化相分解，降低焊缝组织性能；同时上层温度过高，将产生严重飞边。焊接薄板时，若加大搅拌强度，会产生力和热致焊接变形，变形严重时，将导致无法继续焊接。

针对上述问题，中南大学 2006 年公布了超声搅拌摩擦复合焊接新方法发明专利。主要创新思路是将纵向超声能导入搅拌摩擦焊焊接区中，即将原来的搅拌头更换成超声搅拌头，使搅拌针做旋转运动与沿工件接缝的前进运动的同时，受超声波换能器驱动，搅拌针作超声波振动，为搅拌摩擦焊接金属流变过程提供新的能量形式与作用机制。超声搅拌摩擦复合焊原理如图 9-13 所示。超声搅拌摩擦复合焊方法将超声振动的能量导入到焊缝深层，降低焊缝金属流变的抵抗力，改善金属流动状态，以达到改善焊缝组织，消除焊接缺陷和抑制焊接变形的目的。

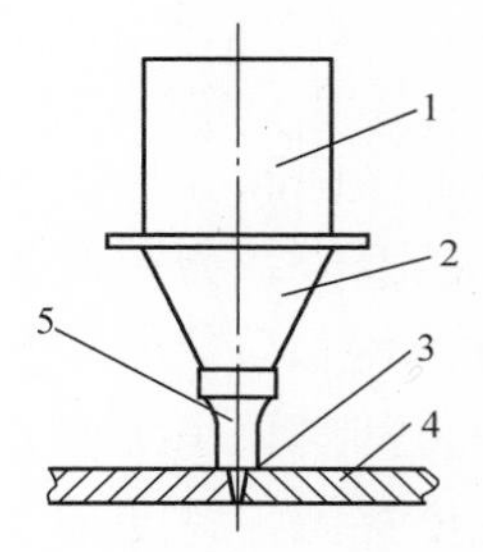

图 9-13 超声搅拌摩擦复合焊原理图
1—换能器 2—变幅杆 3—搅拌针
4—焊件 5—搅拌头

超声搅拌摩擦复合焊系统设计成一个独立的功能模块，与搅拌摩擦焊设备集成，主要由搅拌摩擦焊机、超声波电源、超声换能器、变幅杆、超声搅拌头等组成。实验室研究时采用厚度为 1.8mm 的 2219 和 2524 – T3 铝合金轧制板，进行了超声搅拌摩擦复合焊与常规搅拌摩擦焊的对比试验。实验用搅拌头参数为：轴肩直径为 6 mm；搅拌针直径为 2.5mm，长度 1.6mm，搅拌头转速 1600r/min，进给速度 120mm/min，超声工作频率为 20kHz。采用从左端起焊，连续焊接至右端。前半段未开启超声电源，为常规 FSW 焊缝，焊至中间位置时，在保持常规参数不变的状态下加载超声波，故后半段为超声搅拌摩擦复合焊焊缝，如图 9-14 所示。该图显示，超声导入前后，焊缝外观有明显变化：超声搅拌摩擦复合焊焊缝表面较常规 FSW 焊缝光滑，纹理更细腻，证明金属塑性流动得到改善；同时颜色变深，可知材料氧化程度加大，说明金属材料活性增强。

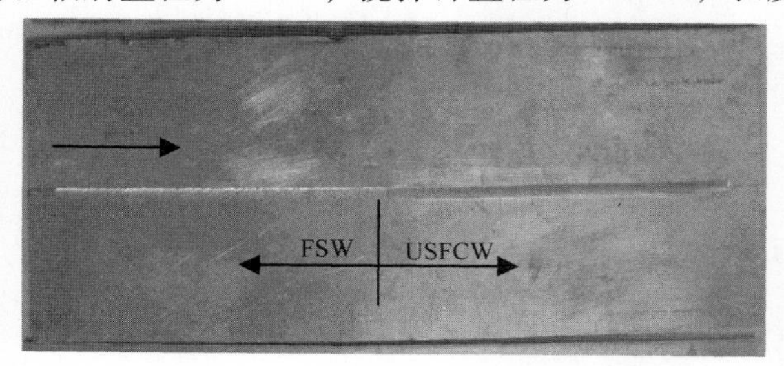

图 9-14　常规 FSW 与 USFCW 焊缝对比

焊后进行 X 线无损检测发现，FSW 段焊缝表面成形好，几乎无变形，但是内部却有细长通孔缺陷，特别是起焊处更为明显；超声搅拌摩擦复合焊段焊缝表面成形好，至终焊组织致密无缺陷。可见超声能的加入对焊缝缺陷有明显的控制作用，且超声搅拌摩擦复合焊焊缝焊核区晶粒更加细小，显微组织分布更致密均匀，材料的流动性有很明显的改善，抗拉强度可达到母材的 90% 以上。分析认为，在 FSW 焊接过程中，热量不够使材料流动不充分而导致材料不能及时填充流转的材料空隙，从而出现通孔缺陷。超声的加入加强了材料的塑性流动，降低焊缝金属流变的抵抗力，增强焊接材料的塑性流动性能，减少了温度不够导致的材流动不充分缺陷的产生概率。目前，超声搅拌摩擦复合焊已经完成基础理论和技术原型研究，对飞机蒙皮对接和蒙皮与桁条搭接进行了工艺性验证，效果良好，有望成为航空航天高性能构件制造的关键连接技术。

此外，美国密歇根大学 2007 年开始进行了在搅拌摩擦焊过程中导入横向超声能量的实验研究，其原理如图 9-15 所示。焊接实验结果表明，因搅拌针受到巨大的顶锻压力和转矩作用，焊接过程又施与水平方向的振动，寿命大大降低。加入超声后，焊缝伸长率和屈服强度提高，焊接缺陷率降低。但因横向水平方向的振动能量很难传导到焊缝底部，所以对焊缝底部的缺陷改善并不明显。

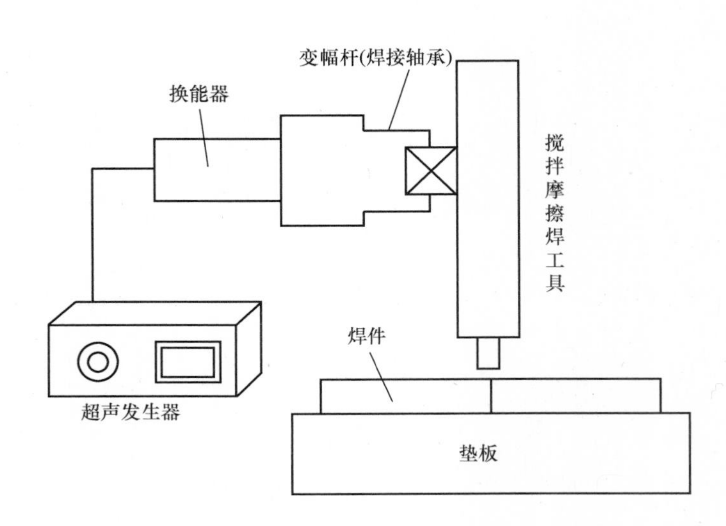

图 9-15　横向超声辅助搅拌摩擦焊接系统原理图

9.7 搅拌摩擦点焊

搅拌摩擦点焊（Friction Stir Spot Welding，FSSW）适用于搭接接头或叠层构件。其原理是将高速旋转的搅拌头插入叠加的2层或多层被焊工件中，利用搅拌摩擦产热使焊接区金属受热软塑化，在搅拌头带动下流动形成焊点。

焊接过程主要包括旋转压入、连接和回撤3个过程，如图9-16所示。

1）压入过程：不断旋转的搅拌头，通过施加顶力插入连接工件中，在压力作用下工件与搅拌头之间产生摩擦热，软化周围材料，搅拌头进一步压入工件到预定深度。

2）连接过程：搅拌头完全插入到工件中，保持搅拌头压力并使轴肩接触工件表面，继续旋转一定时间。

3）回撤过程：完成连接后搅拌头从工件退出，在点焊缝中心留下匙孔。

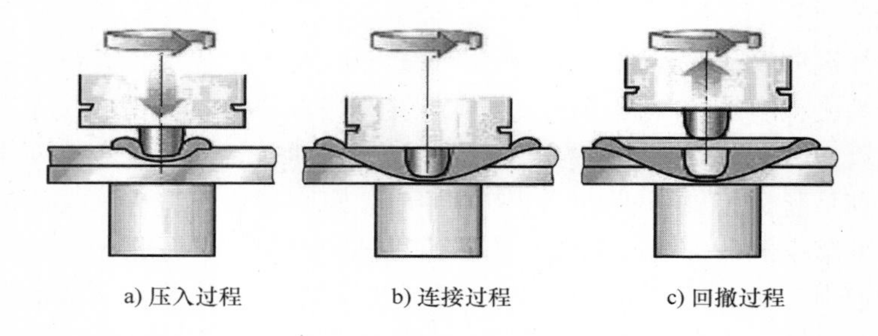

a) 压入过程　　b) 连接过程　　c) 回撤过程

图9-16　搅拌摩擦点焊过程的3个阶段

目前搅拌摩擦点焊已发展了3种形式：①常规FSSW；②回填式FSSW；③摆动式FSSW。表9-1为三种搅拌摩擦点焊过程示意图及焊点成形状态。

表9-1　三种搅拌摩擦点焊焊接过程示意图及得到的焊点成形

形式	搅拌摩擦点焊过程示意图	焊点成形
常规式	旋转　插入　搅拌　回撤	
回填式	摩擦加热阶段　原位搅拌混合　原位搅拌锻造　搅拌成形	

（续）

形式	搅拌摩擦点焊过程示意图	焊点成形
摆动式	(1)插入 (2)移动 (3)开始摆动 (4)逆时针摆动 (5)摆动450° (6)回到中心并回抽	

① 常规FSSW是日本MAZDA汽车公司于1993年提出，其焊接过程由搅拌头旋转、插入、搅拌和回抽4阶段组成，点焊处会留有匙孔。

② 回填式FSSW是德国GKSS研究中心在1999年提出，其突出特点是搅拌针和轴肩可单独运动，在焊接过程开始时轴肩和搅拌针同时下压，然后轴肩和搅拌针交替进行下压和回抽，当搅拌针和轴肩重新达到焊接前的平面时，主轴停止转动，搅拌头已完成回抽移开，从而形成了没有匙孔的焊点。

③ 摆动式FSSW的开发是为了增大焊点与工件的连接面积以提高点焊接头的抗剪强度，其特点是搅拌头从旋转压入开始并在一个给定的轨道区域内移动，最后回到点焊中心，搅拌头回抽后留有匙孔。

搅拌摩擦点焊的优点是与传统的电阻点焊（RSW）或铆接相比，生产成本与能源消耗大大降低，而接头的静强度、疲劳性能均好于电阻点焊和铆接。

目前，搅拌摩擦点焊技术主要应用在两个方面：第一是用于焊接结构件生产，比如MAZDA公司已将MAZDA－FSSW焊接技术用于新的运动车型MAZDA RX—8的发动机罩和后门生产，并在2004年研制了适用于搅拌摩擦点焊焊枪机构的机器人，来取代电阻点焊机器人，如图9-17所示，2006年将MAZDA－FSSW技术应用到奥迪汽车铝合金部件制造中；第二是对航空构件缺陷进行修复，例如，2007年美国军方将GKSS－FSSW技术应用于美军机翼蒙皮结构的铆钉修复和老化飞机结构修复，如图9-18所示。实践证明，搅拌摩擦点焊技术用于航空构件中裂纹、破孔和断裂等缺陷的修复，可简化修理工艺，也能满足等强度修理的性能指标。

图9-17 MAZDA－FSSW机器人点焊系统

回填式FSSW是德国GKSS研究中心于1999年发明的搅拌摩擦点焊技术，采用特殊的搅拌头，通过精确控制搅拌头各部件的相对运动，在搅拌头回撤的同时填充搅拌头在焊接过

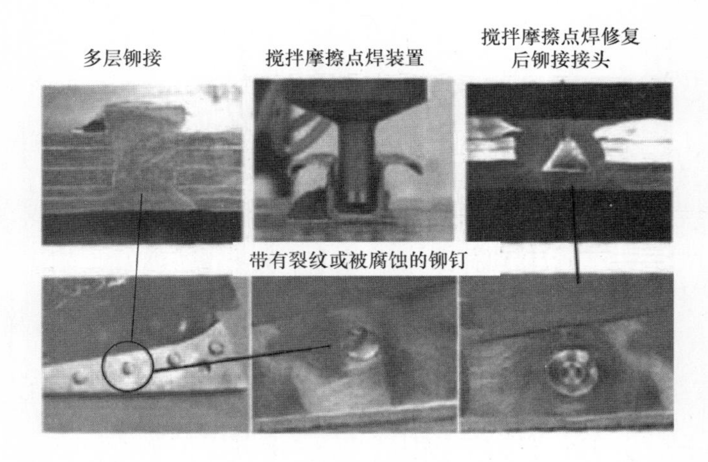

图 9-18　利用 GKSS－FSSW 技术修复飞机机翼蒙皮结构中的铆钉

程中形成的匙孔；采用该方法焊接的焊点表面平整，焊点中心没有凹孔。搅拌头主要由 3 部分组成，分别为最内部的搅拌针、中间层的袖筒以及最外层的夹套。其中，夹套在焊接时固定，不发生旋转，而中间层的袖筒和最内层的搅拌针在焊接时既发生旋转也发生沿轴向的相对运动。图 9-19 所示为回填式 FSSW 具体焊接过程示意图，可分为以下几个阶段：

1）开始焊接时，工件放置在一刚性垫板上，点焊搅拌头压在工件上，搅拌头的搅拌针和袖筒高速旋转，与工件摩擦产生热量，使材料达到塑性状态。夹套将袖筒、搅拌针以及塑性材料密封在一个封闭空腔，防止塑性材料外溢，夹套不旋转，如图 9-19a 所示。

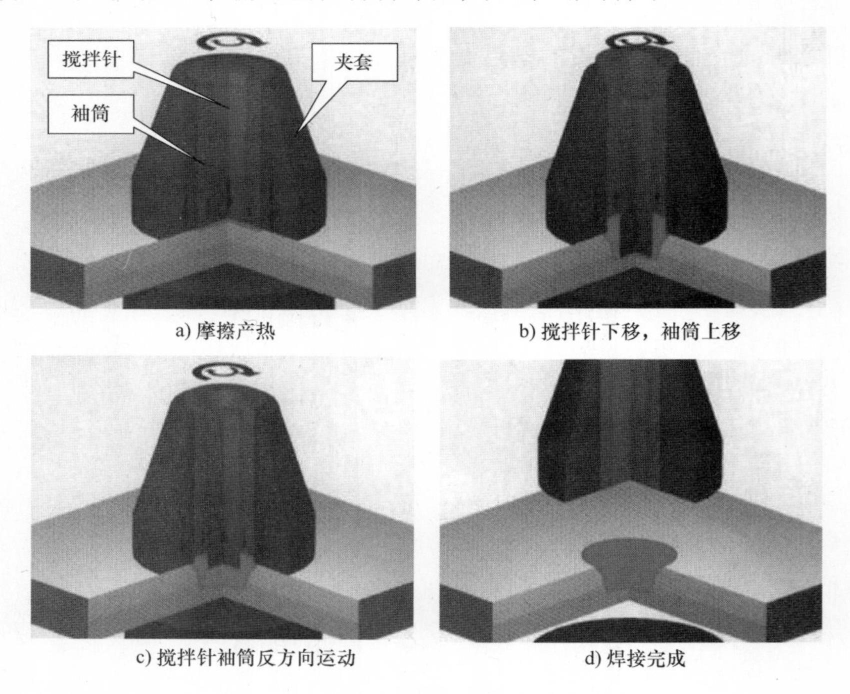

a) 摩擦产热　b) 搅拌针下移，袖筒上移　c) 搅拌针袖筒反方向运动　d) 焊接完成

图 9-19　回填式 FSSW 焊接过程示意图

2）当材料达到足够的塑性状态时，搅拌针和袖筒一边继续旋转一边沿轴向进行相对运动，首先是搅拌针向被焊材料运动，袖筒向相反方向运动。袖筒向上运动为材料的迁移提供空间，搅拌针向下运动时会推动塑性材料发生相互搅拌与运动，如图 9-19b 所示。

3）当搅拌针和袖筒运动到一定程度，即当搅拌针下移到下层工件一定深度后，搅拌针与袖筒反向进行相对运动，搅拌针向上运动，袖筒向下运动。塑性材料进一步进行融合、搅拌。如图 9-19c 所示。

4）当搅拌针与袖筒反方向运动达到焊接前的平面时，搅拌针、袖筒和夹套与工件上表面重新回到一个平面上。搅拌针和袖筒停止旋转。搅拌头整体从工件上移走，焊接完成。如图 9-19d 所示。

相比之下，回填式 FSSW 方法要完成复杂的相对运动，填充退出孔将需要相对长的焊接时间，对设备的刚性和控制精度要求严格，需要专门的焊接设备进行焊接，前期投入成本较大；但优点是焊接后无退出匙孔，接头强度高、质量好。而带退出孔的搅拌摩擦点焊方法的优点是焊接速度快，并且焊接设备和控制系统比较简单，容易集成到大批量的汽车组装生产线中，目前已在 Mazda 公司等多家汽车生产企业中获得应用。

9.8　机器人搅拌摩擦焊

重载工业机器人与先进的焊接主轴装备的系统集成实现搅拌摩擦焊，将极大提升搅拌摩擦焊焊接作业柔性，适用于空间复杂结构产品的批量化焊接制造，并进一步提升焊接自动化程度和生产效率。使用机器人搅拌摩擦焊焊接时，由于机器人柔性化程度高，焊接过程稳定且无需人为干涉，因此，焊接质量可以得到显著提升，有利于降低焊接生产成本。据国外统计，机器人搅拌摩擦焊单件焊接成本比机器人氩弧焊低 20%，只有多轴搅拌摩擦焊焊接成本的一半。由此可见，采用机器人进行搅拌摩擦焊在大规模工业生产中具有显著的成本优势。此外，机器人搅拌摩擦焊的主要技术优势有：绿色节能高效，焊接过程无污染；适用于复杂结构焊接，如平面二维、空间三维等结构；可匹配外部轴，自由扩展机器人工作空间；可实现多模式过程控制，如压力控制、转矩控制等；接头质量良好，焊接过程稳定性好。

机器人搅拌摩擦焊系统集成技术，尤其是与多种传感控制系统的集成，可以实现智能化自动化焊接。冗余自由度机器人搅拌摩擦焊路径规划及协同控制技术，将机器人与外部轴、变位机或多台机器人系统集成实现高效作业，是智能焊接机器人发展的重要方向。

机器人搅拌摩擦焊路径和工艺规划技术。当前工业产品多具有小批量多品种特征，要求生产线具备柔性制造能力。采用工业机器人进行搅拌摩擦焊时，对焊接顺序及作业路径必须进行工艺规划，并通过离线编程实现干涉检验和指令生成，而且必须结合前序生产过程实时信息，对后续加工过程进行同步调整。

自 1997 年开始，国外多家机构就开始研发机器人搅拌摩擦焊工艺技术及装备系统。近年来国外商业化的机器人搅拌摩擦焊系统不断涌现，德国 IGM 公司、日本川崎重工及日本 FANUC 公司推出了自主研发的机器人搅拌摩擦焊系统，瑞典 ESAB 公司与美国 FSL 公司在 ABB 机器人本体上成功集成了搅拌摩擦焊系统，实现了空间曲面结构焊接，在国内外多家科研机构得到应用。德国 KUKA 机器人集团与欧宇航（EADS）创新工作室历经十年合作研发，于 2012 年推出商业化的 KR500MT 机器人搅拌摩擦焊系统，成为近两年国际焊接工业展的重要亮点，得到国内外航空、航天、汽车、电力、电子等行业领域焊接工作者的普遍关注，并很快在电子行业得到推广应用。

在飞机结构制造中，机器人搅拌摩擦焊系统有望应用于复杂曲面机身壁板焊接制造，实现长桁、隔板、框与蒙皮，以及机翼结构的焊接。欧宇航已将机器人静轴肩搅拌摩擦焊用于空客 A380 翼肋、翼盒、机身窗体加强结构产品的试制。

在汽车结构制造中，机器人搅拌摩擦焊系统有望应用于复杂曲面车体结构制造，实现复杂车体结构及不等厚裁剪板的焊接，日本川崎重工已将机器人搅拌摩擦点焊应用于汽车车门结构件的批产，采用机器人搅拌摩擦焊也可以实现电动汽车（或混合动力汽车）电池托盘的焊接。

在电力电子行业各类散热产品的制造中，机器人搅拌摩擦焊优势更为突出，采用该项技术与装备，可以实现各类散热产品（如冷板、液冷风冷散热器、电机电池壳体、IGBT、ECU 散热器）的高效率、高质量生产制造。

在消费电子行业，机器人搅拌摩擦焊的工程化应用方面也取得了长足发展，德国 KUKA 机器人集团与欧宇航（EADS）创新工作室合作研发的机器人搅拌摩擦焊系统，已用于苹果公司 iMac 高端一体机产品壳体的焊接生产。

搅拌摩擦焊装备是伴随着搅拌摩擦焊技术的创新发展而不断发展进步的，当前搅拌摩擦焊装备正向着大型化、多功能化、自动化程度高、柔性三维焊接方向发展。我国已经成为世界公认的制造业大国，但随着劳动力成本的不断提高，工业机器人价格的不断降低和性能的不断提高，经济发展模式和制造产业结构调整势在必行，提高工业制造业生产自动化水平，由劳动密集型向技术密集型转变已经成为必由之路。机器人搅拌摩擦焊装备和技术，已成为近两年国际焊接展的重要亮点，得到国内外焊接工作者的普遍关注。机器人搅拌摩擦焊集新型技术、柔性焊接、批量生产等优势于一身，迎合产业发展方向，势必成为我国搅拌摩擦焊技术与装备发展的大趋势。

目前，我国对节能减排的要求越来越高，汽车、船舶、轨道交通、民用航空、电力、冶金等行业对轻量化的要求也越来越高，先进的搅拌摩擦焊技术与高柔性自动化搅拌摩擦焊装备将成为这些行业的关键零部件产品实现绿色轻量化、高效精益生产的关键。重载工业机器人搅拌摩擦焊装备的出现，将极大提高搅拌摩擦焊的工作柔性，拓展作业空间和适用性。据统计，我国将成为全球最大的工业机器人应用市场。

9.9 水下搅拌摩擦焊

为了控制 FSW 过程中的温度，出现了水下搅拌摩擦焊（Underwater Friction Stir Welding）。水下搅拌摩擦焊接系统由焊机、移动平台、搅拌头、水槽、工装夹具和循环水路等部分组成，其原理如图 9-20 所示。试验结果表明，由于水的冷却作用，焊

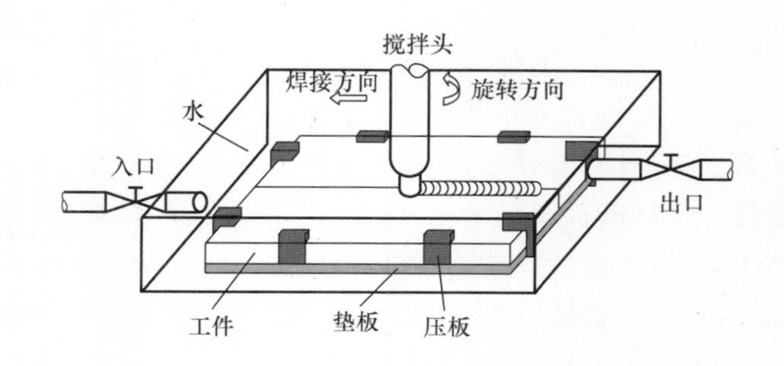

图 9-20　水下搅拌摩擦焊接系统

接热输入量降低，材料的塑性流动程度下降，跟随搅拌头旋转并参与焊缝成形的塑性材料减少，导致焊缝形状和尺寸发生了明显的变化，焊缝宽度变小，焊核尺寸明显增大，热机影响区和热影响区明显变窄，其焊缝横截面形貌如图 9-21 所示。因焊接过程在水下进行，焊缝表面与空气隔绝，被氧化程度降低，故表面较为光滑，水下接头的抗拉强度可以达到母材的 79%，高于 FSW，但断后伸长率有所降低。水下搅拌摩擦焊接头力学性能如图 9-22 所示。

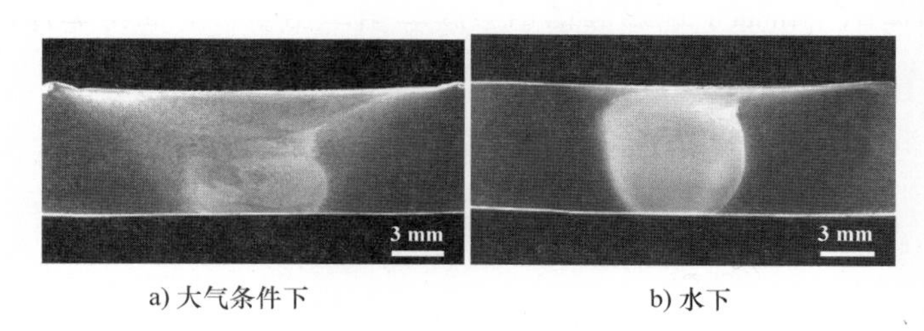

a) 大气条件下　　b) 水下

图 9-21　焊缝横截面形貌

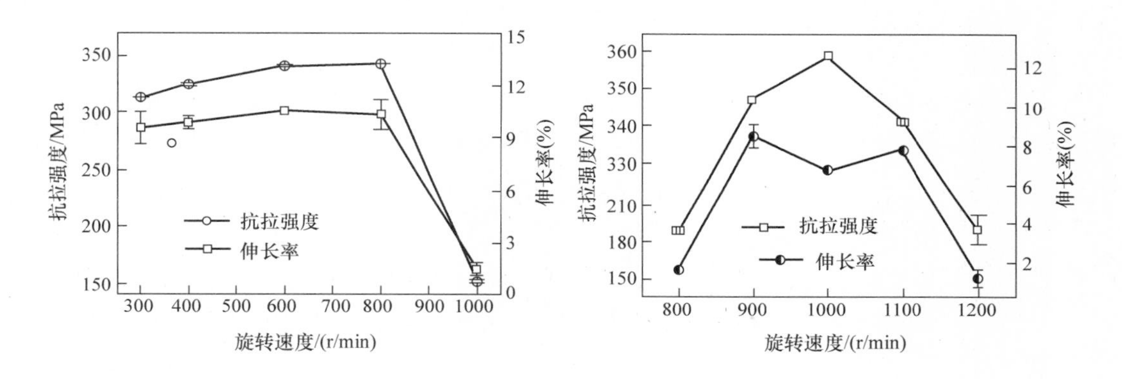

图 9-22　水下搅拌摩擦焊接头力学性能

9.10　阵列射流冲击热沉搅拌摩擦焊

阵列射流冲击热沉搅拌摩擦焊是（DC – LSND FSW）将动态控制低应力无变形焊接技术应用于搅拌摩擦焊过程，以最大限度的降低薄板 FSW 时产生的变形和应力的焊接方法。虽然 FSW 是固态焊接，整体焊接温度低于熔化焊，但在焊接长薄板和大中型薄壁构件时变形量和残余应力依然非常明显，不容忽视，因此出现了阵列射流冲击热沉搅拌摩擦焊。

阵列射流冲击热沉搅拌摩擦焊的具体做法是在 FSW 焊接过程中，伴随一个能够对焊缝局部产生急冷作用的热沉系统，对 FSW 焊缝进行急冷，一方面使高温区范围变窄，控制了塑性应变区的扩展；另一方面，使焊缝受冷后急剧收缩，产生很强的拉伸塑性应变，在极大程度上补偿了已产生的塑性应变，使残余拉应力区和残余拉应力峰值都得到缩小和控制，从而达到薄壁构件低应力无变形的焊接效果，其原理示意图如图 9-23 所示。

动态控制低应力无变形搅拌摩擦焊的优点主要表现在添加一个射流冲击热沉急冷装置即可，无须增加设备的复杂性，且此方法原则上适应于搅拌摩擦焊所有可焊材料，且有良好的

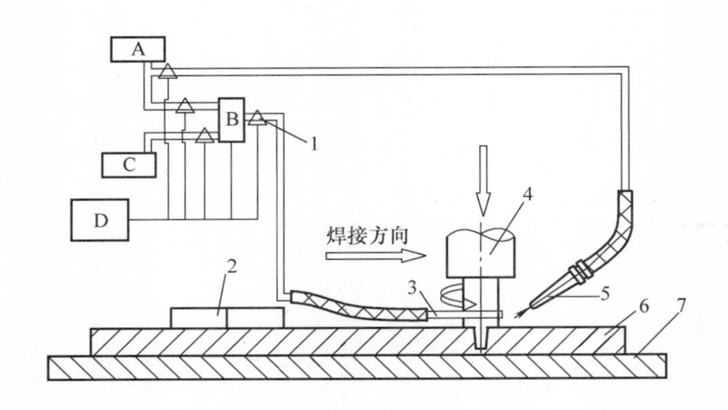

图 9-23　阵列射流冲击热沉搅拌摩擦焊装置原理示意图

A—压缩空气　B—雾化装置　C—冷却水　D—控制系统

1—调节阀　2—焊接夹具　3—热沉喷嘴　4—搅拌头　5—空气喷嘴　6—工件　7—垫板

工艺适用性，可有效实现对搅拌头的动态冷却，对延长搅拌头的使用寿命有益。试验证明，该项技术对控制 FSW 焊接应力和变形效果显著。铝合金薄板进行动态控制低应力无变形搅拌摩擦焊与常规 FSW 焊后变形比较如图 9-24 所示。目前动态控制低应力无变形搅拌摩擦焊技术已经在船舶大型带筋壁板搅拌摩擦焊制造中得到验证性应用。

图 9-24　铝合金薄板动态控制低应力无变形搅拌摩擦焊与常规 FSW 焊后变形比较

9.11　高熔点材料的搅拌摩擦焊

在钢的焊接中，相对于弧焊，搅拌摩擦焊有以下优势：其较低的能量输入可限制焊接接头热影响区中晶粒的长大、减少变形和残余应力，这对厚板尤显重要；又因搅拌摩擦焊为固相连接工艺可以消除钢的氢脆问题；同时其焊接过程绿色环保。研究结果表明：钢的搅拌摩擦焊接头有优良的力学性能。搅拌摩擦焊可用于相变淬硬钢、低合金高强钢和不锈钢的焊接。

材料搅拌摩擦焊的应用温度决定了它的生命力。铝合金焊接温度峰值在 450 ~ 550℃之间，而钢的焊接温度峰值高达 1200℃，因此，高熔点材料搅拌摩擦焊时，搅拌头材料的选择是关键。对于钢这一类高熔点材料的搅拌摩擦焊，搅拌头需要在 1000℃以上高温条件下尚有好的强韧性（红硬性）。

T. J. Lienert 等人采用钼基和钨基合金搅拌头对热轧态 6.3mm 厚 AISI1018 低碳钢进行

FSW，采用热电偶和红外测温仪对温度进行测量，距轴肩 3.2mm 处工件表面和轴肩上方 6.3mm 和 9.65mm 处热循环分别如图 9-25 所示。结果表明在搅拌摩擦焊过程中，搅拌头的最高温度在 1000℃以上，而高强钢在焊接时的温度会更高。高熔点材料搅拌摩擦焊过程中工件在高温下会与空气反应而使接头性能变差并影响焊接过程，此外搅拌头在高温下持续工作可能发生破坏（主要是搅拌头磨损和变形）。因此，在对高熔点材料进行搅拌摩擦焊时，需要设计水冷和气体保护装置以保证焊接过程顺利进行。

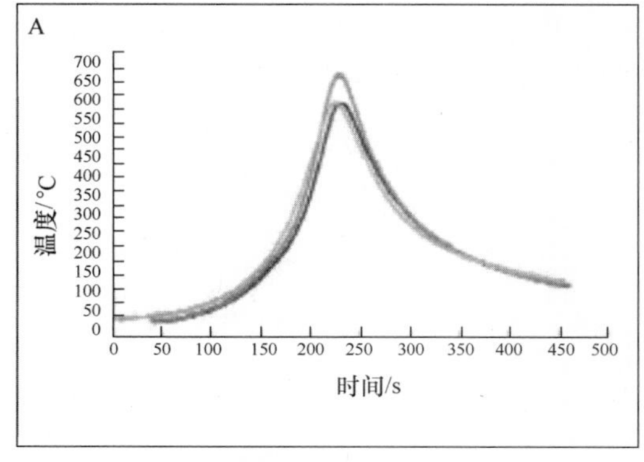

a) 工件表面距轴肩3.2mm处热循环

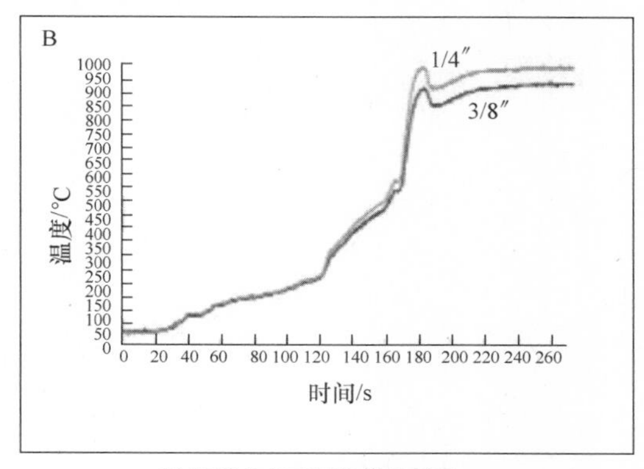

b) 轴肩上方不同位置热循环

图 9-25　AISI1018 低碳钢搅拌摩擦焊不同位置热循环

Y. S. Sato 等人研究了 SAF2507 双相不锈钢 FSW 接头的组织性能，搅拌头材料采用 PCBN，其形貌如图 9-26 所示。研究结果表明，采用合适的工艺参数可以得到优质的接头。由于焊核区中铁素体和奥氏体晶粒在搅拌摩擦焊接过程中发生了明显的细化，从而提高了焊缝的力学性能，使焊接接头具有与母材相同的抗拉强度和屈服强度。

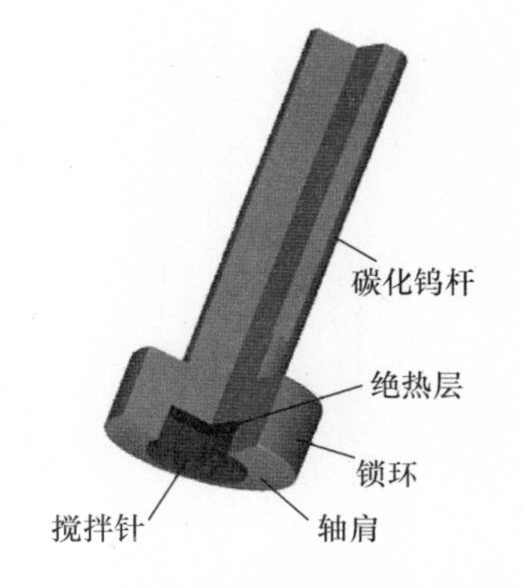

图 9-26　PCBN 搅拌头形貌

从已有的研究结果来看，对高熔点材料（如钢）采用合适的搅拌头设计、工艺和参数可以得到优质的接头。由于搅拌头材料的限制使得高熔点材料的 FSW 连接技术尚处于研究阶段，目前仅见钢的搅拌摩擦点焊用于工业领域的报道。随着材料技术的发展以及研究的不断深入，高熔点材料的 FSW 连接技术将会受到人们越来越多的关注。

本章知识点和技能点

1. 知识点

了解搅拌摩擦焊技术研究发展的路线，根据结构、材料、设备的状况来创新思路。

2. 技能点

掌握几种搅拌摩擦焊新方法的应用：双轴肩搅拌摩擦焊、流动搅拌摩擦焊、搅拌摩擦焊点焊以及超声波辅助搅拌摩擦焊。

参考文献

[1] 柯黎明．飞机制造技术［M］．上海：上海交通大学出版社，2017.
[2] 杨坤玉，贺地求，甘辉．搅拌摩擦焊新方法与新技术的研究进展［J］．焊接，2013（8）：11－16.
[3] 刘会杰，周利．高熔点材料的搅拌摩擦焊接技术［J］．焊接学报，2007，28（10）：101－104.
[4] 柴鹏，栾国红．搅拌摩擦焊技术的新起点——钢的焊接［J］．焊接，2007（2）：13－16.
[5] 姚君山，张彦华，王国庆，等．搅拌摩擦焊技术研究进展［J］．宇航材料工艺，2003，33（4）：24－29.
[6] 刘会杰，潘庆，孔庆伟，等．搅拌摩擦焊焊接缺陷的研究［J］．焊接，2007（2）：17－21.
[7] 赵东升，马正斌，栾国红．搅拌摩擦焊技术发展现状与趋势［J］．焊接，2013，（12）：17－20.